全国高等院校环境艺术设计类应用型系列规划教材

环境艺术

李蔚青 等 主编

科 学 出 版 社

北 京

内 容 简 介

本书以环境艺术的基础设计为出发点，强调基础知识和基础设计及思维的训练，并以多样化的设计方略启发学生的设计能力。在图例的选编上既有初涉创意的学生作业，又有国际大师的经典范本；同时，不局限于基础理论或技能的讲解，并涵盖室内外环境设计、设计课题调研的方法、制作、步骤等，具有很强的实用性和可操作性。

本书可作为高等院校本科、高职高专的环境艺术设计、建筑室内设计等相关专业的教材，也可供环境艺术设计、室内设计、建筑装饰等行业的设计师及爱好者学习、培训和参考。

图书在版编目(CIP)数据

环境艺术设计基础/李蔚青主编.—北京：科学出版社，2010
(全国高等院校环境艺术设计类应用型系列规划教材)
ISBN 978-7-03-028627-7

Ⅰ.①环… Ⅱ.①李… Ⅲ.①环境设计-高等学校-教材 Ⅳ.①TU-856

中国版本图书馆 CIP 数据核字（2010）第 158610 号

责任编辑：任加林 / 责任校对：刘玉靖
责任印制：吕春珉 / 封面设计：耕者设计工作室

科学出版社出版
北京东黄城根北街16号
邮政编码：100717
http://www.sciencep.com

北京虎彩文化传播有限公司印刷
科学出版社发行 各地新华书店经销
*
2010年12月第 一 版 开本：16 787×1092
2020年1月第七次印刷 印张：11 1/2
字数：260 800

定价：55.00 元

（如有印装质量问题，我社负责调换（虎彩））
销售部电话 010-62136131 编辑部电话 010-62137026(BA08)

版权所有，侵权必究

举报电话：010-64030229；010-64034315；13501151303

前　言

环境艺术设计是随着改革开放的不断深入、经济发展水平的日益提高而催生的与人民群众生活密切相关的艺术门类。同时，由于多元文化的冲击、城市化进程速度的加快、建设和谐社会和小康社会的需求等因素，对我们的环境艺术设计提出了更高的要求。本书立足于环境艺术服务于社会大众的实用功能，对环境艺术的基础设计理论及实务进行探讨。在图例的选编上既有国内经典的基础课程，又有作者在美留学期间所学国外基础课程理念的融入；精选出遍布于美国、法国、日本、新加坡等发达国家或地区的有关环境艺术的经典图片或研究案例；同时，并不局限于设计门类的划分，涵盖了环境设计、平面二维到三维空间的设计、文案写作与调研、手绘与电脑设计等相关的基础学科，试图以广义的视角来审视基础教学随着新技术和新观念的更新而在当代环境艺术设计中呈现出的延展性，使环境艺术的基础教学以不断更新的设计思维满足当代基础教育的需求。本书中引用了东西方造型艺术中较有代表性的设计理论及原理，目的就是让学生在全球化的多元文化背景下获得更为广阔的设计视界。

此外，编者认为，环艺专业的学生在学习本专业的同时，还应注重从自然及身边的生活环境中广泛汲取视觉形态表现的语言及后现代思想的造型手法，以便开阔创意思路、丰富造型能力和造型语言。因本书具有很强的针对性和可操作性，作为教材能适应正在持续升温的高校和社会对环境艺术设计专业学习的学生和人才的需求，从而将会受到广泛的社会效应与影响。

在编选本书的时候，作者希望能从不同的设计教学角度分析思索，力图以多角度、宽视野为立足点，启发学生的创意思路，并关注以启发性为主的指导思想，把学生的设计思维充分活跃和调动起来，旨在作一些尝试、探索，使学生能够以较开阔的视野对待所要解决的设计问题，目的是以更多的手段和途径达成最终的设计结果，使学生潜在的创造力和独特的造型意识能够得以挖掘和激发。

编者殷切地希望本书的出版，有助于环境艺术设计专业学生的学习并通过学习能适应新的社会环境的变化和要求，提升学生的基础理论水平及创新思维能力，在保持传统基础教学思想的同时，能为推广设计文化、服务广大民众、贴近市场经济、提高创作水准有所裨益。

本书主要由李蔚青副教授拟定基本框架。本书具体编写分工如下：第一章第一节及第二章由东北林业大学王丹编写；第一章第二、三、四节，第三章第一、二、三节及第四章第二节由南阳理工学院屈梅编写；第三章第四节由厦门大学艺术学院李蔚青编写；第四章第一、三、四节由华北水利水电学院刘延琪编写。同时，感谢厦门大学艺术学院环境艺术设计专业由编者指导的2006级的本科生及2008级、2009级的研究生提供的作品、附图，特别感谢赴法国埃克斯昂普罗旺斯艺术学院交流学习的广州美术学院的李慧丰老师及法国卡昂大学（L'Universite de Caen Basse－Normandie）的胡男兮同学提供的图片资料。

限于编者的水平，无法将基础设计的内涵全面阐述，书中不足之处在所难免，望业界专家学者批评指正。

李蔚青
于厦门大学艺术学院

目　录

第一章
环境艺术设计基础概论

第一节 环境艺术设计的概念和范畴

1.1.1 环境艺术设计的含义

"环境"二字,从字面上理解,其含义十分广泛。从广义上来讲,"环境"是指围绕着主体的周边事物、尤其是人或生物周围,包括相互影响作用的外界。我们通常所说的环境是指相对于人的外部世界,即主要是和人产生关联的环境,包括:自然环境、人工环境、社会环境。自然环境,是指自然界中原有的山川、河流、地形、地貌、植被等自然构成的系统;人工环境,是指由人主观创造的实体环境,包括城市、乡村建筑、道路、广场等人类生存与生活的系统;社会环境,是指人创造的非实体环境,由社会结构、生活方式、价值观念和历史传统所构成的整个社会文化体系。三者的共同作用与协调发展构成了我们的现实生活环境。随着人类社会的不断发展,"环境"这一概念的范畴也不断的发生变化,并随着人类活动领域的日益扩大而不断增添着新的内涵。

工业文明给人类带来了前所未有的社会发展。但伴随着工业化进程的同时,人们赖以生存的自然环境亦不断遭到严重的掠夺与破坏,自然生态资源日益枯竭,环境质量急剧恶化,污染日益严重。这时人们开始觉醒并关注自己周围的环境。因此,1992 年联合国在里约热内卢召开了环境与发展大会,提出了"可持续发展"的理论,其核心思想是:在不危及后代人需要的前提下寻求满足我们当代人需求的发展途径。可持续发展的思想在世界范围内得到共识,并逐渐成为各国发展决策的理论基础。在这样的背景下,现代环境艺术设计应运而生。

环境艺术设计是建立在现代科学研究基础之上,研究人与环境之间关系问题的学科。环境艺术它不同于纯欣赏的艺术,是借助于物质科学技术手段,以艺术的表现形式来创造人类生存与生活的空间环境。它始终与使用者联系在一起,是一门兼实用与艺术相结合的空间艺术。例如,人在空间中从事工作、学习、休息、娱乐、购物、交往、交通等一系列的活动,均属于空间环境设计中要研究的内容。

与建筑艺术一样,环境艺术的最终形成离不开各种结构、技术、材料、设备、工艺、资金等实施条件,离开这些条件真正的、完整的环境艺术就无从谈起。同时,随着社会的发展,人们价值观念的转变与审美意识的提高,需要更多元化的环境艺术表现形式来改变和提高自己的生活品质,这些都促使现代设计师须要更加注重科学技术与环境艺术设计的结合,并且积极地进行新技术、新材料、新结构等科学技术的开发与艺术美的创造,从这个角度来说,环境艺术亦是一门科学技术与美的创造紧密结合的艺术。例如,我国的"水立方"、"鸟巢"、"国家大剧院"等建筑设计,均是以其新结构、新材料、新技术结合完美的造型设计所呈现出独特的魅力震撼了国人,也震撼了世界。

环境艺术这种人为的艺术创造,虽建立于自然环境之外,却不能脱离自然环境的本体,它必须植根于自然环境,并与之共融共生。如果环境艺术的创造需对森林植被、气候、水源、生物等自然生态资源进行无节制的利用和破坏的话,不仅将重蹈机械文明时代的覆辙,也背离了现代环境艺术的科学性、艺术性及可持续发展的本质。因此,环境艺术设计要采取与自然和谐的整体观念去构思,以生态学思想和生态价值观为主要原则,充分考虑人类居住环境可持续发展的需求，成为与自然共生的生态艺术。

环境艺术设计是以人为核心进行的设计，其最终的目的是为人提供适宜的生存与活动的场所，把人对环境的需求，即物质与精神的需求放在设计的首位。环境艺术设计注重对人体工程学、环境心理学、行为学等方面的研究，科学深入地了解并掌握人的生理、心理特点和要求，在满足人们物质条件的基础上，使人们心理、审美、精神、人文思想等方面的需求得以满足，让使用者充分感受到人性的关怀，使其精神意志能够得到完美的体现。它综合的解决人对空间环境的使用功能、经济效益、舒适美观、环境氛围等方面问题的要求。所以，环境艺术是“以人为本”的艺术。例如，在进行环境艺术设计过程中，通常会认真考虑使用者的特点和不同要求，即根据其不同的年龄、职业、文化背景、喜好等方面问题的研究作为设计的切入点。还要考虑当地气候、植被、土壤、卫生状况等自然环境的特点；另外，在一些公共环境中，常会看到盲道、残疾人专用通道等人性化的无障碍设计，为残障人士提供舒适、方便、安全的保证，这不仅是环境艺术设计，亦是现代社会文明的体现，即体现了对弱势群体的关怀。

任何一种艺术都不可能孤立地存在，环境艺术也不例外。它是一门既边缘又综合的艺术学科，它涉及的学科领域广泛，主要有建筑学、城市规划、景观设计学、设计美学、环境美学、生态学、环境行为学、人体工程学、环境心理学、社会学、文化学等，环境艺术设计与这些学科的内容形成了交叉与融合，共同构成了外延广阔、内涵丰富的现代环境艺术设计这门学科。因此，这就要求设计师，须具备系统扎实的专业基础理论知识及广博的相关学科知识底蕴作支撑，具备良好的环境整体意识和综合审美素质，掌握系统设计的方法与技能，具有创造性思维和综合表达的能力，才能真正的为人们创造出理想的、高品质的生活环境。

1.1.2 环境艺术设计的范畴

环境艺术设计的范畴，微观到一件陈设品、一间居室的设计，宏观到建筑、广场、园林、城市的设计。如同一把大伞，涵盖了几乎所有的艺术与设计专业领域。著名的环境艺术理论家多伯(Richard P. Dober)认为：环境艺术作为一门艺术，它比建筑艺术更巨大，比规划更广泛，比工程更富有感情。这是一种重实效的艺术，早已被传统所瞩目的艺术。环境艺术的实践与人影响其周围环境功能的能力，赋予环境视觉秩序的能力，以及提高人类居住环境质量和装饰水平的能力是紧密地联系在一起的。

从狭义上讲，环境艺术设计主要包括室内和室外环境设计。室内环境艺术指的是以室内空间界面、家具、陈设等诸要素为对象进行的空间设计；室外环境设计指的是以建筑、广场、道路、绿化、各种环境设施等诸要素为对象进行的组合设计。在这里无论室内还是室外环境设计，设计师不仅要对构成环境各要素进行单体的设计，更要对各要素之间彼此制约、互相衬托的整体关系进行合理的组织与规划，才能体现出设计者独特的创意与构思。

第二节 现代环境艺术设计的特征

环境艺术是一门多学科互助的系统艺术，涉及城市规划、建筑学、社会学、美学、人体工程学、心理学、人文地理学、物理学、生态学、艺术学等多个学科领域。在环境艺术设计的范畴内，这些学科相互构筑成一个完整的体系。由此，环境艺术设计的发展也受到诸多因素的影响，其特征如下：

1.2.1 现代环境艺术设计观念的特征

季羡林先生说“东方哲学思想重综合，就是整体概念和普遍联系，即要求全面考虑问题”；而钱学森先生也曾说过“21 世纪是一个整体的量界”。实际上，整体化也是环境艺术设计的首要观点。

环境艺术观念发展的客观化水准往往取决于一件作品是否能与客观条件和自然环境建立持久的协调关系，这与艺术家从事单纯自我造型艺术的创作不同；环境艺术是多学科并存的关系艺术，环境艺术设计将城市、建筑、室内外空间、园林、广告、灯具、标志、小品、公共设施等看成是一个多层次、有机结合的整体，它面临的虽然是具体的、相对单一的设计问题，但在解决问题时还是要兼顾整体环境的统一协调。在进行整体设计时还需面对节能与环保、可循环与高信息、开放与封闭系统的循环、提高材料恢复率、强大的自动调节性、多用途、多样性与多功能、生态美学等一系列问题。相对于环境的功效方面和美学领域，社会经济因素则是重头戏，其最终将集中反映于环境效益问题。比如，大多数城市景观的设计都是在原有的基础上进行改进的，而环境的根本性变化则须由雄厚的资金来支撑，如果对环境综合效益缺乏研究和没有整体计划以及更高层次的思考创新，就会造成大量资金无价值的消耗，以及高昂的后期维护费用等问题，还会给环境的进一步改善带来沉重的包袱。

对于西方的现代主义思想影响下的环境设计，由于社会经济积累具有了相当的基础，可以把功能及造价的问题不放在首要的位置上进行环境艺术设计的考虑，但中国今天的“现代主义设计”则必须在充分考虑功能及造价的前提下表现个性，并且综合地、全面地看待个性在营造环境中的作用，把技术与人文、技术与经济、技术与美学、技术与社会、技术与生态等各种因素综合分析，因地制宜地处理理想与客观条件之间的关系，以求得最大的经济效益、社会效益和环境效益；以动态的视点，沿着生命运动的轨迹，把这些相关因素科学地、合理地组合起来，是使环境艺术设计实现可行性的一种最佳途径。

因此，我们在设计时需要有整体的设计观念。无论是区域环境设计，还是建筑小品构想，都要放眼于城市整体环境构架，对其历史与现状，进行周密的计划和研究，权衡暂时与永久、局部与整体、近期与长期之间的利弊关系，找出它们的契合点，科学地、合理地、动态地对其进行综合设计，并要解决历史、未来及周边地带的衔接、计划与实施的差别控制等问题，最大限度地、最为合理地利用土地人文及现有景观资源，实现集生态美学、环境效益于一身，以创造出适合人们生活行为和精神需求的环境。

1.2.2 环境与人之关系相适应的特征

美国著名建筑理论家卡斯腾·哈里斯曾说“大部分时间中，尤其是在移动时，我们的身体是感知空间的媒介”。人们总是通过亲身参与各种活动来感知空间的，于是，人体本身也自然成为感知并衡量空间的天然标准。因此，可以说作为感知并衡量空间标准的人与环境之间的物质、能量及信息的交换关系，是室内外环境各要素中最基本的关系。

环境是人类生存发展的基本空间，广义上是指围绕主体，并对主体的行为产生影响的外界事物。对人类而言，一方面它是一种外部客观物质存在，为人类的生活和生产活动提供必要的物质条件与精神需求（亲切感、认同感、指认感、文化性、适应性等）；另一方面，人类也按照自身的理想和需要，不断地改造和创建自己的生存环境，包括根据人们认识的不同阶段对环境起到的创造、破坏、保全作用的内容。总之，环境与人是相互作用、相互适应的关系，并随着自然与社会的发展而始终处于动态性的变化之中。

1. 人对环境

现代环境观念的发展也具体体现在人对环境的“选择”和“包容”的意识中。如选择拆毁城墙、对古旧建筑“整旧如新”等城市建设的思想，实际上等于斩断了城市生长的“根”，在本质上是同火烧阿房宫一样的在进行破坏。在从事研究和设计时，对那些即将消亡但并无碍于生活发展的、那些只属于承继先人和连接未来的东西，应有意识地加以挖掘、利用和维护。城市是人们长期经营和创造的结果，城市风格的多样性和独特性证明了其自身的生命力。实践已显示“保全”的城市建设思想亦会对城市风格的多样化再立新功。一座城市、一个街区乃至一个庭院（单元环境）都具有自己的共性和个性文化，它们世代相传，每个当时代的人们及社会都曾为此付出脑力劳动和经济代价。这些代价的后果可能使环境勃发生机，也可能导致环境的僵化和泯灭。创造、破坏、保全的城市建设思想，是相互联结的，其中并无截然的界限。由此，在人对环境这一问题上，必须同时兼顾创造与保全这两项目标的并行，在不破坏的基础上、着力保全的同时进行有意识的创造，才会使我们对城市环境的整治更接近于环境的本质属性　　自然整体。

2. 环境对人

1943年，美国人文主义心理学家马斯洛在《人类动机理论》一书中提出了“需要等级”的理论。他认为，人类普遍具有五种主要需求，由低到高依次是生理需求、安全需求、社会需求、自尊需求和自我实现需求。在不同的时期和环境，人们对各种需求的强烈程度会有所不同，但总有一种占优势地位。这五种需求都与室内外空间环境密切相关，如空间环境的微气候条件——生理需求；设施安全、可识别性等——安全需求；空间环境的公共性——社会需求；空间的层次性——自尊需求；环境的文化品位、艺术特色和公众参与等——自我实现需求。因此，我们可以发现它们之间的对应性，即环境对人的作用，也是人对环境提出的多种需求。只有当某一层次的需求获得满足之后，才可能使追求另一层次的需求得以实现。当一系列需求的满足受到干扰而无法实现时，低层次的需求就会变成优先考虑的对象。环境空间设计应在满足较低层次需求的基础上，最大限度地满足高层次的需求。随着社会日新月异的发展，人的需求也随之发生变化，使得这些需求与承担它们的物质环境之间始终存在着矛盾，一种需求得到满足之后，另一种需求则会随之产生。这种人与空间环境的互动关系，就是一个相互适应的过程。

在现实中，空间环境的形成和其中人的活动是同一回事，犹如一场戏剧舞台中的布景设置与演出是相互补充的关系一样，而对于设计师来说，更需要关注的是静止的舞台在整场戏剧中的重要性，并通过它去促进表演。由此可知，从某种程度上而言，在环境对人的关系方面，人们塑造了空间环境，反过来，空间环境也影响着、塑造着人。

1.2.3 环境艺术设计的文化特征

芬兰著名建筑师伊利尔·萨里宁曾说"让我看看你的城市,我就能说出这个城市居民在文化上追求什么"。可见环境艺术在表现文化上的作用是多么的巨大。环境艺术是一个民族、一个时代的科技与艺术的反映,也是居民的生活方式、意识形态和价值观的真实写照。

第一、传统文化在环境艺术中的继承与发展。

德国的规划界学术巨匠阿尔伯斯教授曾说,城市好像一张欧洲古代用作书写的羊皮纸,人们将它不断刷洗再用,但总留下旧有的痕迹。这"痕迹"之中其实就包括传统文化。例如,在中国传统文化中,风水作为一种传统环境观在对中国及周边一些国家古代民居、村落和城市的发展与形成具有深刻的指导意义。各种聚落的选址、朝向、空间结构及景观构成等,均受风水学的影响而有着独特的环境意象和深刻的人文含义。"风水具有鲜明的生态实用性"(美国生态设计学专家托德语);"在许多方面,风水对中国人民是有益的,如它提出植树木和竹林以防风,强调流水近于房屋的价值"(李约瑟语)。它关注人与环境的关系,强调人与自然的和谐,表现出一种将天、地、人三者紧密结合的整体有机思想。《阳宅十书》"论宅外形"中说"人之居处,宜以大地山河为主,其来脉气势最大……"。风水的这些观念对现代环境艺术设计、建筑学和城市规划,对"回归自然"的新的环境观与文化取向至今仍有启示。风水的思想和风水现象及应用的广泛性,都使得风水无可争议地成为中华本土文化中一个引人注目的内容(图 1.1)。

图 1.1 徽州老川水口园

注重传统的设计风格，并能有效地将其与当地的文脉和社会环境结合起来，通过良好的设计能建立历史延续性，表达民族性、地方性，有利于体现文化的渊源；如果生搬硬套，就会显得拙劣，令人厌倦。环境及其建筑物是特定环境下历史文化的产物，体现了一个国家、民族和地区的传统，具有明显的可辨性和可识别性。要继承和发展传统设计文化，就要注重历史环境保护。在标志性建筑和重点保护性景观的周围建立保护区（如天津、上海等城市把近代外来建筑设为专门的文化保护区域）。保护空间环境的完整性不被破坏，主要是有效控制周围建筑的高度、体量与形式等，根据不同城市、不同地段和不同的建筑物性质加以具体规定；同时，城市是受到新陈代谢规律支配的，作为有着强大的延续性和多样性的生生不息的有机体，也需要不断地更新。在此，德国剧作家席勒的观点虽有些偏激但有其道理："美也必然要死亡，尽管她使神和人为她倾倒"。由此，不断地发展和变化是生活的法则。继承与发展传统文化正是为了新的创造，单一的、千篇一律的环境艺术设计不符合现代人的欣赏情趣和审美要求。

第二，地域文化在环境艺术中的挖掘与体现。

在20世纪70年代后的建筑设计领域，Bernard Rudolfskv所著《没有建筑师的建筑》一书的问世，引起了很大的反响。一些以往被忽略的乡土建筑中的创造性方面的价值，重新被发掘出来。这些乡土建筑特色是建立在与该地区的气候、技术、文化及与此相联系的象征意义的基础上的，是长期的积累而存在并日趋成熟的。有人在研究非洲、希腊、阿富汗的一些特定地理区域的住房建筑之后表明："这些地区的建筑不仅是建筑设计者创作灵感的源泉，而且其技术与艺术本身仍然是第三世界国家的设计者们创作中可资利用的、具有活力的途径"。这类研究呈现两种趋向：①"保守式"趋向——运用地区建筑原有技术方法并在形式上的发展；②"意译式"趋向——在新的技术中引入地区建筑的形式与空间组织。乡土建筑、乡土环境受着生产生活、社会民俗、审美观念以及民族地域历史文化传统的制约，她置身于地域文化之沃土，虽然粗陋但含内秀，韵味无穷如大自然间野花独具异彩，诸多方面存在着深厚的文化内涵等待挖掘和予以推陈出新。

第三，环境艺术对西方文化的借鉴。

我们对西方文化经历了从器物到制度再到思想文化逐渐深化的认识过程，但始终主要侧重于"器物"这一最初引发冲动的层面，而对这三个层面缺乏整体意识以及清晰的区分认识。在向西方学习时，总是以最好最新为追求目标，以为新就是好，但西方的新观念、新技术层出不穷，结果是追还没来得及，更谈不上消化了。这种不求甚解、盲目崇洋崇新的心态背后，是一种潜伏的文化虚无主义的思想在作祟。从近些年相当一批的国内室内装饰的各种风格流派的设计作品中，便能感受到对西方环境文化的领受和吸取往往是停留在浮光掠影般的、得其形而忘其意的表面理解上，而对于其内含的、不同的人文精神的理解上，真正领会并发挥、创造出的优秀作品还远远不够。

第四，当代大众文化价值观在环境艺术中的体现。

随着公众主体意识的觉醒，在面对环境的日益均质化、无个性化甚至非人性化的今天，人们不再期望将自己的个体情感和意志纳入到一个代表公众趣味的、整齐划一的环境中，而是开始寻求一种多元价值观和真正属于自我意识的判断。人们越来越强调创造和表现具有一定意义的空间、场所和环境，此时的“可识别性”、“场所感”等词汇的诞生，都表明了人们对价值或意义的关注；另外，在环境或场所在追求为正常人服务的同时，也应对儿童或残障人群予以关注，才是环境服务于人性的本质体现。例如，美国《1990 年残疾人法案》的颁布为公共场所和商业场所制定了残疾人通行的标准，并要求在设计新的设施和对现有设施的改动中要核实相关法规并加以应用。这种体现在环境设计中的无障碍设计思想深得人心，也正是当代重视大众文化价值观念的重要反映。

环境艺术设计对文化地域性、时代性、综合性的反映是任何其他环境或者个体事物所无法比拟的。这是因为在环境艺术中包含了更多反映文化的人类印迹，并且每时每刻都在增添新的内容；而群体建筑的外环境更是往往成为一个城市、一个地区、甚至一个民族、一个国家文化的象征。上海的外滩、北京的天安门广场、威尼斯的圣马可广场、纽约的曼哈顿都是一些代表民族或国家形象的突出案例。在环境艺术的设计中，如何反映当地的文化特征，如何为环境增添新的文化内涵，是一个严肃的、值得环境创造者认真思考的问题，也是历史赋予设计师的责任。

1.2.4 环境艺术设计的地域化特征

现代环境设计的地域化特征主要表现在以下三个方面。

第一，地理地貌特征。

地理地貌是时间最为长久的特征之一。任何地区之间，只要细致观察，就会发现相互间的差异。更多的差异则是体现在宏观的特征上，像水道、河泽、丘陵、坡地、山脉、高原等。这些自然界固有的因素无时无刻不作用于环境塑造的过程。如山城重庆与平原省会石家庄，西北城市西安与江南水乡绍兴，它们之间的地貌差异对一个敏感于这些特征的设计师来说，会产生极大的诱惑；而设计构思的一个重要思想就是要让那些特征彰扬出来，也就是说，对有助于生活舒适的素材都要加以利用；反之，对不利的条件要予以弥补。例如，在重庆的山坡道上择距修筑一些落脚的平地或是石礅，让跋涉的人们有择时而歇的机会。这种不同“使用”城市的设计方式，是源于地理地貌因素的直接反映。

水，是城市里一道独好的风景。一座有河道湖泊的城市是幸运的。大多数河水在人们聚居生存的历史上都起到过滋养生命的作用。在建筑聚集的市区，使一道河岸保持天然岸线形式，不失为一种独特的构想。自然中野生的芦苇、杂草与人工绿化有机共处，会令风景格外鲜明。但是，保持环境卫生是使野生地貌成为风景的基本条件，因此必须对之格外珍视。不同地域的水，形态也会具有截然不同的风格，或平坦广阔，或曲折蜿蜒，或围城环抱，或川流而过，其独有的面貌完全可能成为城市的重要标志之一。水的重要性及其历史地位，应成为人们认同其价值及强化其城市景观作用的原因。一条有代表性的河道，其重要性完全可以胜过一般的市级街道（当然科学并不赞同把环境分成三六九等，而是要全方位的一视同仁）。而现在的问题是，许多地方河水的静默与永恒反而成了人忽视它的原因。发展中国家的人们不要轻易地被那些花哨把戏所迷惑（比如由于对“丰田”、“宝马”的流畅曲线的膜拜而滋生了占有欲，从而得不断地扩充道路占有田野或水域），进而“迷失了心性”以致豁出生存的血本。实际上最珍贵的东西就在我们身边，它不可能由别人赠送，只能由我们科学合理的设计和运用。

对水的珍视只限于保持水面清洁和水质不受污染是远远不够的，还要能够理解水面在城市风景中不可替代的作用，其优化生活的能力远胜于任何人工造的景观。要强化这种认识，环境设计应首当其责。呵护水面的办法之一是对岸线予以整理，就像为心爱之物披上盛装一样。岸线的形态常常既决定于天然地貌特征，又包含有历史遗留或改造的痕迹。其中有的可临崖俯视，有的则浅滩渐深，有的齐如刀切，有的则参差有致，这是地貌与人文共同作用的结果。这也能为本节所解释的地方性特征提供佐证。此外，沿岸绿化和设置游览路线、活动场地等，不但是个普遍性原则，也应是深入挖掘地方化生活方式的着眼点。我们不妨看一看江南水乡重镇的例子，晚唐诗人杜荀鹤有诗言："君到姑苏见，人家尽枕河。古宫闲地少，水巷小桥多。夜市卖菱藕，春船载绮罗。遥知未眠月，相思在渔歌。"它栩栩如生地描述了当地人民傍水而栖的独特生活方式。那种地方风俗的魅力令人何等陶醉，凡有此经验者便不难领悟什么是对水的设计了。

第二，材料的地方化特征。

追溯人类古老的建筑历史，就地取材则是最早的一种用材方式。就天然材料而言，使用的种类相当丰富，其中包括石料、木材、黄土、竹子、稻草甚至冰块等。如果再将同类材料中的差异加以分类，并考虑经初加工而得到的建材产品，其丰富程度则可想而知了。这种差异无不是由特定的自然条件天生塑就的。然而，将地方性材料提升到作为考虑设计的着眼点的地位，其由来还是从现代的建筑思想引发的。钢材、玻璃、混凝土这些材料是没有地方差异的，因为它们被"人造"得太彻底了。那些源于科学分析而发明的材料，完全摆脱了地域性自然特征的痕迹，最终导致材料质感效果的趋同。这与文明发展对客观世界的原本认识相矛盾。当人们反思标准化的"现代主义"的设计思想所带来的弊端时，表现个性和人情味的理性思想便成为新一轮艺术思潮的追求目标。如果说传统的材质表现还处于含糊的无意识的状态中，那么现代人对材质特征的认识则更加明确主动了。材料被赋予从文化生态多样性的高度去表现地方生活的职责，便产生了比以往更强的表现力。

除了在建筑上发挥特定材料的工艺性能之外，环境设计中应用材料最多的地方当属地面铺装了。在中国，传统的皇家或私人园林庭院的铺装多有优秀的范例。苏州园林的地面铺装中对卵石的各种拼装方法所呈现的艺术魅力，简直是现代设计观念的活现。可是这种方法若搬到北方皇家园林中使用就要费些周折，因为材料并非源自本地土产。由此可见，使用地方化材料的原则，应是在更大范围里进行理性推论的结果。现代的地方化观念还向设计师提供了一个启发，即人们对材料的认识不应只局限于惯用的、已被前人熟练掌握的种类。许多不为人知却又是地方土产的材料，原本具有极好的使用性能，应成为设计师研究和尝试的对象。对于铺地材料的技术性能要求并不苛刻，何况还有现代技术条件下的水泥、砂浆等的辅料手段支持。此外，更新和开发一些新的加工方法，也是使旧料变新以及新材料走向实用化的有效手段。沥青、石子和水泥抹地是最简陋也是最没有特色的设计；而全国都铺一种瓷砖，应视为设计师的无能。现代设计中一个重要的课题是精致严谨的加工，材料加工则列为其中之一。地砖和各种壁面的拼花图形、质感对比，有时并不总要借助于材质变化去实现，同种材料的不同加工效果也是追求质感趣味的办法之一。在许多地方，当地特色的传统加工工艺常常能表现出现代工艺所没有的独特效果。

第三，环境空间的地方化特征。

环境的空间构成是一个比较复杂的问题。一个有历史的城市，其建筑群落的组织方式是相对稳定和独特的。现有状态的形成往往取决于下列几种因素：①生活习惯。②具体的地貌条件。尽管在那些相邻的地区，地貌的总体特征相同，但一涉及具体方面，还是存在一些偶发的差异。这种差异可能造成聚落方式的变化。③历史的沿革，即曾经发生于久远年代的变革与文化渗透等。④人均土地占有量。总的来说，我国大中城市人口居住密度比较大。客观地看，我国城市（包括乡镇等小聚居区）真正的现代化发展是在改革开放之后起步的，至今不过 20 年，在这段不长的时间里，我们完成的是远远大于 20 年的建设量，本该精雕细琢的城市面貌，大多沦为粗放型产品。其中有些原因是不可控的，如人口过度膨胀，现代化建筑技术手段虽先进但显得单一等因素，导致城市地方化特色的快速丧失。另外，环境文化意识的淡薄，设计者对地方文化所产生的情蕴和对当地环境构成的特征缺乏体验和观察，也是造成今天城市粗放结果的重要原因。

城市风貌的载体并非完全由建筑的样式所决定。这里不妨想象一下，眼前有一个鸟瞰的城市立体图，如北京的胡同、上海的里弄、苏州的水巷，人们的实际活动都发生在建筑之间的空白处，即街道、广场、庭院、植被地、水面等。如果将这些空白用“负像”的方式加以突出，再把不同地方的城市空间构成加以比较，就不难看出异地空间构成的区别。例如，北京的胡同，通常宽度相同，略窄于街道，一般只用于交通，可供车马通行。每到一定深度，某座四合院的外墙就会向后退让丈把距离，且与邻院的一侧外墙和斜进的道路形成一块三角地，那便是左右邻里聚会谈天的活动场地。当然，通常还要有一棵老槐树和树下的石桌、石凳。上海的里弄则不像北京胡同那样“疏密相间”、开合有致，而是显得更加公共化、群体化。弄堂里的路呈鱼骨式交叉，一般是直角，宽度由城市街道到弄堂再到宅前过道依次变窄。与北京胡同体系比较而言，上海的住宅与弄堂的关系更为贴近。这些道路形式规整，既用于通行又用于交往联络。

可以看出，在不同的地方人们就是那样使用建筑外的环境。前几代的设计师们已经考虑过生活行为的需要，就空间的排布方式、大小尺度、兼容共享和独有专用的喜好上提出了地方化的答案，而后世的人们则视之为当然的模式并习以为常。虽然这些答案并不一定是容纳生活百川的最佳设计方式，但毕竟是经过了生活习惯的选择与认同，在人们的心理上形成了对惯有秩序的亲合。在其后的设计追求中，并不存在什么绝对理想而抽象的最佳方式，新设计所能做的不过是模仿、补充，一切变化应是在保持原有基础上的改良。当然，新的室外空间在传统格局的城市里并非完全不能出现。它通常是随着新功能的引入而产生。例如，在德国一些室外空间设计的限定条件相对自由的一些新兴的、人均用地相对宽松的城市。以宾根到科布伦茨一带的莱茵河谷的设计为例，350km 长的罗曼蒂克大道把几十个小城市串在一起。这里有古朴的建筑、铺着小石板的道路和大片的绿地，加其特有的古堡、宫殿、葡萄种植园等景观，吸引了众多的游人。城里的古建筑是德国历史的缩影和文化的精华，也是德国人追溯历史的好地方。这种用大道将不同城市内容和形式的特点串起的文化长廊式的综合设计理念，这些在传统城市中并不存在，因此也可以看作是随着文化的变迁、新功能的需求而产生的更新。

如果说城市环境的出现包涵形式和内容两部分的话，那么建筑的外部空间就是城市的内容，而且空间的产生并不是任意的、偶发的，更不是杂乱无序的。它的成因深刻地反映着人类社会生活的复杂秩序，其中有外因的作用也有自身的想象。一个环境设计师必须使自己具备准确感知空间特征的能力，并训练自己的分析力，以便判定空间特征与人的行为之间存在的对应关系。这种职业素养是创造和改善环境设计的基础之一。

不过，地方化城市环境的特征，主要是针对历史悠久、人口集中的城市而言。在我国，许多定型化了的古老城市正在经历一个新的历史性的改造过程，为的是使城市的发展既能满足功能的需求，又不致使文化风貌遗失。在变革中有序地延伸和更迭环境的形态，是城市建设中亟待研究解决的课题。

1.2.5　环境艺术设计的生态特征

人类社会发展到今天，摆在面前的事实是近两百年来工业社会给人类带来的巨大财富，并使人们的生活方式也发生了全方位的变化。工业化极大地影响了人类赖以生存的自然环境的目的，森林、生物物种、清洁的淡水和空气、可耕种的土地等这些人类生存的基本物质保障在急剧地减少，更使得气候变暖、能源枯竭、垃圾遍地等负面的环境效应得以快速产生。如果按照过去工业发展模式一味地发展下去，我们的地球将不再是人类的乐园。这种现实问题迫使人类重新认真思考——今后应采取一种什么样的生活方式？是以破坏环境为代价来发展经济；还是注重科技进步，通过提高经济效益来寻求发展。作为一个从事环境艺术设计专业的人员，也须对自己所从事的工作进行深层次的思考。

其一，人是自然生态系统的有机组成部分，自然的要素与人有一种内在的和谐感。人不仅具有个人、家庭、社会交往活动的社会属性，更具有亲近阳光、空气、水、绿化等需求的自然属性。自然环境是人类生存环境必不可少的组成部分。然而，人类的主要生存环境，是以建筑群为特点的人工环境。高楼拔地而起，大厦鳞次栉比，从而形成了钢筋混凝土建筑的森林。随着城市建筑向空间的扩张，林立的高楼，形成了一道道人工悬崖和峡谷。城市是科学技术进步的结果，是人类文明的产物，但同时也带来了未预料到的后果，出现了人类文明的异化。人类改造自然建造了城市，同时也把自己驯化成了动物；如同关在围栏和笼子里的马、牛、羊、猪、鸡、鸭等动物一样，把自己也围在人工化的城市围栏里，离自然越来越远，于是，回归自然的理念就成了一个现代人的梦想。

随着人类对环境认识的深入，人们逐渐意识到环境中自然景观的重要性，优美的风景、清新的空气既能提高工作效率，又可以改善人的精神生活，使人心旷神怡，得到美的感受。无论是城市建筑内部，还是建筑外部的绿地空间，是私人住宅，还是公共环境，优雅、丰富的自然景观，都会给人以长久而深远的影响。因此，这使得人们在满足了对环境的基本需求后，高楼大厦已不再是对环境的追求。而今，人们正在不遗余力地把自然界中的植物、水体、山石等引入到环境空间中来，在生存的空间中进行自然景观再创造。在科学技术如此发达的今天，使人们在生存空间中最大限度地接近自然成为可能。

环境艺术中的自然景观设计应具有多种功能，主要可以归纳为生态功能、心理功能、美学功能和建造功能。生态功能主要是针对绿色植物和水体而言的，在环境中它们有净化空气、调节气温湿度，降低环境噪声等功能，从而成为产生较理想生态环境的最佳帮手。环境中自然景观的心理功能正在日益受到人们的重视。人们发现环境中的自然景观可以使人获得回归自然的感受，使人紧张的神经得到松弛，人的情绪得到调解；同时，还能激发人们的某些认知心理，使之获得相应的认知快感。至于自然景观的审美功能，早已为人们所熟识，它常常是人们的审美对象，使人获得美的享受与体会；与此同时，自然景观也常用来对环境进行美化和装饰，以提高环境的视觉质量，起到空间的限定和相互联系的作用，发挥它的建造功能，而且这种功能与实体建筑构件相对比，常常显得富有生气、有变化、富有魅力和人情味。

在办公空间的设计中，“景观办公室”成为时下流行的设计风格。它一改枯燥、毫无生气的氛围，逐渐被充满人情味和人文关怀的环境所取代。根据交通流线、工作流程、工作关系等自由地布置办公家具，室内充满了绿化的自然气息。这种设计改变了传统空间格局的拘谨、家具布置僵硬、单调僵化的状态，营造出了更加融洽轻松、友好互助的氛围，就像在家中一样轻松自如。“景观办公室”不再有旧有的压抑感和紧张气氛，而令人愉悦舒心，这无疑减少了工作中的疲劳，大大地提高了工作效率，促进了人际沟通和信息交流，激发了积极乐观的工作态度，使办公空间洋溢着一股活力，减轻了现代人工作的压力。体现在广场设计中与以往的广场设计大多是铺地面积较大，人工手段较多，绿化等自然要素较少，看起来干、枯、冷的环境空间相比，而今则逐渐被那些考虑到人们休憩交往的需要、重视自然的需求、比较有人情味的广场设计所取代。

在室内环境创造中，共享空间可以说是以各种手法去创造室内自然环境的集大成者。其一，共享空间是一种生态的空间，它把光线、绿化等自然要素最大限度地引入到室内设计中来，为人们提供了室内自然环境，使人们在室内最大限度地接触自然，满足了人们对自然的向往之情。

其二，具有生态学的“时间艺术”特征即环境设计应是一个渐进的过程，每一次的设计，都应该在可能的条件下为下一次或今后的发展留有余地，这也符合培根所说的“后继者原则”。城市环境空间是城市有机体的一部分，有它的生长、发展、完善的过程。承认和尊重这个过程，并以此来进行规划设计是唯一正确的科学态度。任何一个人居环境都不是“个人作品”，任何一位设计师都只能在“可持续发展”的长河中完成部分任务。即每一个设计师既要展望未来，又要尊重历史，以保证每一个单体与总体在时间和空间上的连续性，在它们之间建立和谐的对话关系。因此，既要从整体上考虑，又要有阶段性分析，在环境的变化中寻求机会，并把环境的变化与居民的生活、感受联系起来，与环境设计的构成联系起来。强调环境设计是一个连续动态的渐进过程，而不是传统的、静态的、激进的改造过程。

其三，我们在建造中所使用的部分材料和设备(如涂料、油漆和空调等)，都在不同程度上散发着污染环境的有害物质。这就使得现代技术条件下的无公害的、健康型的、绿色建筑材料的开发成为当务之急。环境质量研究表明:用于室内装修的一些装饰材料在施工和使用过程中散发着污染环境的有害气体和物质，诱发各种疾病的产生，影响健康。因此，当绿色建材的开发并逐步取代传统建材而成为市场上的主流时，才能改善环境质量，提高生活品质，给人们提供一个清洁、优雅的环境艺术空间，保证人们健康、安全地生活，使经济效益、社会效益、环境效益达到高度的统一。

综上所述，21 世纪的环境艺术设计需要具有生态化的特征，这种生态化应用两方面的含义：一是设计师须有环保意识，尽可能多地节约自然资源，减少垃圾制造（广义上的垃圾），并为后续的发展、设计留有余地；二是设计师要尽可能地创造生态的环境，让人类最大限度地接近自然。这也就是我们常说的“绿色设计”的内涵。

第三节 现代环境设计的发展趋势

1.3.1 向自然回归

人类与环境的相处可分为四个阶段。第一阶段是恐惧与被动接受，把自然当成天敌，盲目利用自身有限的条件进行抵抗；第二阶段是适应和有限利用，选择有利的自然条件来创造环境，以满足不同室内外活动的需求；第三阶段是侵略和征服，为了暂时的短期效益而对自然进行无休止的索取，无视自然条件合理的运用，使自然环境受到无情的吞噬和破坏；第四阶段是负责任地利用并与之和谐共处。在总结了第三阶段人类带给环境的不良影响后，我们便开始重视环境因素对其进行保护，并与自然和谐相处。此举，对室内外环境艺术的设计也产生了深远的影响，现代环境设计观念的发展趋势之一就是向自然回归。

唐代诗人李白的“小时不识月，呼作白玉盘。又疑瑶台镜，飞在青云端”的诗句描述了人对自然的认识，也是记录了人们从“触景生情”到“寄情于景”再到“以景托情”最终到“以情绘景”的过程。目前，采用以“征服自然”的思想来建设环境的例子不胜枚举，如何向自然回归，负责有效地利用自然条件的理论和方法还处于探索阶段。在此北京十三陵的设计则是一个值得我们学习的古老而宏伟的实例，它借助外部环境本身所具有独特而有感染力的空间形态这一自然环境条件的设计思想，是一个运用自然的环境回归自然的非常有效的方法。甬道端头的十字拱亭位于半圆山脉的中央，与山脚下的十三座碑亭共同形成了一个群山环抱的弧形空间，形成了一个气势恢弘的纪念性环境（图 1.2）。

图 1.2 明十三陵空间示意图（E. 培根绘制）

环境艺术设计遵循亲近自然与回归自然的原则。例如，在社区环境中，强调原生态环境与社区生活活动的融合，用核心绿地、庭院绿地、小尺度的步行广场同核心景观带、步行道一起构成环境中的绿色景观走廊，将整体的、组团的、邻里交往的空间与自然流动的建筑、景观空间相融合。

总之，在室内外环境的创作中要更多地利用自然条件，以减少对环境原貌的破坏，并促进环境中植物与动物的生存发展，使室内外环境成为一个更有利于人类健康发展的生存环境。

1.3.2 向历史回归

由纪念性活动所催生的人类精神与文化，一直是环境艺术设计发展的动力之一。在全球经济一体化的同时，城市的历史、文化的本位，特别是发展中国家的本土文化不可避免地受到冲击。地区间差距缩小的同时，也带来了城市间环境的相似。而这种文化的国际化带来的环境趋同现象的产生，忽略并抹杀了地区的差异性和历史文化的多元性，这与整个世界发展多元化的要求是背道而驰的。

随着人们环境意识的提高和环境设计学科的兴起，我们应更加关注人居环境的精神内涵和历史文化气质，应更加关注城市环境文化上的构成形式与精神及行为之间的关系等问题。无论什么时代的城市都不能脱离其历史背景而存在，环境艺术的发展也不能以破坏原有城市底蕴和城市肌理为前提。由此，在对历史文化失落的反思中，各国纷纷对本民族历史文化重新认识、定位。随着经济的发展，向历史回归、对本地文化历史的自我肯定将是21世纪的趋势，因此环境必然发展成为“人性”的环境。恢复历史、建立人类环境文化的整体意识，用新的价值精神、哲学伦理去创造环境，才能达到人类精神的复兴。

在现代社会，切实保护与合理利用历史文化遗产是许多国家文化发展的方向之一。在历史发展过程中形成的环境——包括建筑小品、街巷以至自然环境风貌，都是地方传统文化的载体，正是这些载体成为使人们联系在一起的重要精神纽带。其本身就是极具价值的环境艺术资源。它们的存在对于提升人类的环境品质与文化内涵具有不可取代的作用，随着社会文明的发展，许多历史建筑和环境被规定为受到政府保护的文物，联合国教科文组织更以“公约”的形式，确立起了世界性的人类文化与自然遗产保护条例。

综上所述，“向历史的回归”在环境艺术设计的过程中主要体现在以下三个方面：一是设计中对历史文化精神、设计思想的继承；二是历史文化及设计元素在设计中的回归；三是在设计中对历史环境正确的保护及修缮。

1.3.3 向现代科技结合人的深层次的情感需求发展

从微观角度而言，每一个环境的构成都离不开特定经济技术条件所提供的物质保证。如构成环境界面的材料。环境之中的各类装饰和设施无不留下了当时科学技术的印迹。例如，霍莱因在慕尼黑奥林匹克村小游园的设计中，创造了一个带空调、照明、音乐、电视等各种服务的广场，体现了运用当代科学技术在创造全新的室外环境模式方面的追求。

从建筑小品、室内设计及室外环境设计的发展历程来看，新的风格与潮流的兴起，总是和社会生产力的发展水平相适应的。社会生活和科学技术的进步，人们价值观和审美观的转变，都促进了新型材料、结构技术、施工工艺等在空间环境中的运用。环境艺术设计的科学性，除了物质及设计观念上的要求外，还体现在设计方法和表现手段等方面。

环境艺术设计需要借助科学技术的手段，来达到艺术审美的目标。因此，科学技术将为更多的设计师所运用，它说明了环境艺术设计科技系统渗透着丰富的人文科学内涵，具有浓厚的人性化色彩。自然科学的人性化，是为了消除工业化、信息化时代科学对人的异化、对情感淡忘的负面作用。如今自然科学、环保等许多现代前沿学科已进入环境艺术设计领域，而设计师业务手段的计算机化，以及美学本身的科学走向、设计过程中的公众参与及以人为本的设计理念，又拓展了环境设计的科学技术天地。

第四节 环境艺术设计的构成要素与设计原则

1.4.1 环境设计的原则

环境艺术设计涉及领域较为广泛，不同类型项目的设计手法也有所区别，但就环境艺术的特点和本质而言，其设计须应遵循以下原则。

1. 以人为本的原则

人是环境的主体，环境艺术设计是为人服务的，必须首先满足人对环境的物质功能需求、心理行为需求和精神审美需求。在物质功能层面，环境艺术设计应为人们提供一个可居住、停留、休憩、观赏的场所，处理好人工环境与自然环境的关系，处理好功能布局、流线组织、功能与空间的匹配等内部机能的关系；在心理行为层面上，环境艺术设计必须从人的心理需求和行为特征出发，合理限定空间领域，满足不同规模人群活动的需要；在精神审美层面上，环境艺术设计应充分研究地域自然环境特征，注重挖掘地域历史文化内涵，把握设计潮流和公众审美倾向。

2. 整体设计原则

整体设计首先是对项目的整合设计。项目无论大小都应从整体出发，从大环境入手处理各环境要素以及它们之间的关系，注意环境的整体协调性和统一性；其次，学科之间的交叉整合，综合运用环境心理学、人体工程学、生态学、园艺学、结构学、材料学、经济学、施工工艺以及哲学、历史、政治、经济、民俗等多学科知识，同时借鉴绘画、雕塑、音乐等门类的艺术语言。最后是设计团队的合作，建筑师、规划师、艺术家、园艺师、工程师、心理学家等与环境艺术设计师一起完成对环境的改善与创新。这里需要指出的是，当代环境艺术的审美价值已从“形式追随功能”的现代主义转向情理兼容的新人文主义；审美经验也从设计师的“自我意识”转向社会公众的“群众意识”，使用者也成为设计团队中不可或缺的组成部分，设计应重视大众的文化品位对设计方向的引导作用，设计过程中亦应积极引入“公众参与”的机制。

3. 形式美的原则

环境是我们工作、生活、休息、游玩的活动场地，并以其自身的艺术美感给人们带来精神上的愉悦。音节和韵律是音乐的表现形式，绘画则通过线条表现形象，环境艺术的形象则蕴含在材料和空间之中，有其自身形式美的规律，如：比例与模数、尺度感与空间感、对称与不对称、色彩与质感、统一与对比等，这些美学原则成为指导现代环境艺术设计形式美的重要法则。

(1) 统一与变化

统一与变化是形式美的主要关系。统一意味着部分与部分及整体之间的和谐关系，就是在环境艺术设计中所运用的造型的形状、色彩、肌理等具有协调的构成关系。变化则表明其间的差异，指环境艺术设计中造型元素的差异性，如同一种线型在长短、粗细、直曲、疏密、色彩等方面的变化。统一与变化是辩证的关系，它们相互对立，而又互相依存。过于统一易使整体空间显得单调乏味、缺乏表情，变化过多则易使整体杂乱无章、无法把握。统一应该是整体的统一，变化应该是在统一的前提下的有秩序的变化，变化是局部的。

(2) 对比和相似

对比是指互为衬托的造型要素组合时由于视觉强弱的结果所产生的差异因素，对比会给人视觉上较强的冲击力，过分强调对比则可能失去相互间的协调，造成彼此孤立的后果。相似则是由造型要素组合时之间具有的同类因素。相似会给人以视觉上的统一，但如果没有对比会使人感到单调。

在环境艺术设计中，形体、色彩、质感等构成要素之间的差异是设计个性表达的基础，能产生强烈的变化，主要表现在量(多少、大小、长短、宽窄、厚薄)、方向(纵横、高低、左右)、形(曲直、钝锐、线面体)、材料(光滑与粗糙、软硬、轻重、疏密)、色彩(黑白、明暗、冷暖)等方面。相同的造型要素成分多，则空间的相似关系占主导；不同的造型要素成分多，则对比关系占主导。相似关系占主导时，形体、色彩、质感等方面产生的微小差异称为微差。当微差积累到一定程度后，相似关系便转化为对比关系。

在环境设计领域，无论是整体还是局部、单体还是群体、内部空间还是外部空间，要想达到形式的完美统一，都不能脱离对比与相似手法的运用。

(3) 均衡与稳定

从远古时期，人们就对重力产生了崇拜，并且在生活实践中逐渐形成了一套与重力相关的审美观念，这就是所谓的均衡与稳定。在自然现象中，人们发现一切事物要保持均衡与稳定必须具备一定的条件，犹如树一般：树根粗，树梢细，呈现一种下粗上细的状态；或如人的形象，左右对称等。实践证明，凡是符合这一原则的造型，不仅在构造上是坚固的，而且从视觉的角度来看也是比较舒适的。

均衡是部分与部分或整体之间所取得的视觉力的平衡，有对称和不对称两种形式。前者是简单的、静态的；后者则随着构成因素的增多而变得复杂，具有动态感对称的均衡是最规整的构成形式，对称本身就存在着明显的秩序性，通过对称达到统一是常用的手法。对称具有规整、庄严、宁静、单纯等特点。但过分强调对称会产生呆板、压抑、牵强、造作的感觉。对称有三种常见的构成形式：①以一根轴为对称轴，两侧左右对称的称为轴对称，多用于形体的立面处理上；②以多根轴及其交点为对称的称为中心轴对称；③旋转一定角度后的对称称为旋转对称，其中旋转 180°的对称为反对称。这些对称形式都是平面构图和设计中常用的基本形式，古今中外有很多的著名建筑都是通过对称的形式来获得其均衡与稳定的审美追求及严谨工整的环境氛围。不对称的均衡没有明显的对称轴和对称中心，但具有相对稳定的构图重心。不对称平衡形式自由、多样，构图活泼，富于变化，具有动态感。对称平衡较工整，不对称平衡较自然。在我国古典园林中，建筑、山体和植物的布置大多都采用不对称的均衡方式布置的设计方法。而今，随着环境艺术空间功能日趋综合化和复杂化，不对称的均衡法则在环境艺术中的运用也更加普遍起来。

(4) 比例与尺度

比例含有“比较”、“比率”的意思。在构成中，比例是使得构图中的部分与部分或整体之间产生联系的手段。而运用于环境艺术设计中，是指构成整体的部分与整体之间具有的尺度、体量的数量关系。在自然界或人工环境中，大凡具有良好功能的物体都具有良好的比例关系，如人体、动物、树木、机械和建筑物等；另外，不同比例的形体也能产生不同的形态情感。

1）黄金分割比：黄金比又称黄金分割率，即分割线段为长短两部分，使长的部分于短的部分之比等于整长度与较长部分之比，其比值为 $\phi=0.618\cdots$。在古希腊，就有人发现了黄金比，他们认为这是最佳的比例关系。其两边之比为黄金比的矩形称为黄金比矩形，它被认为是自古以来最均衡优美的矩形。如果把这种比例关系应用于设计中去，就能产生出一种美的形式(图 1.3)。

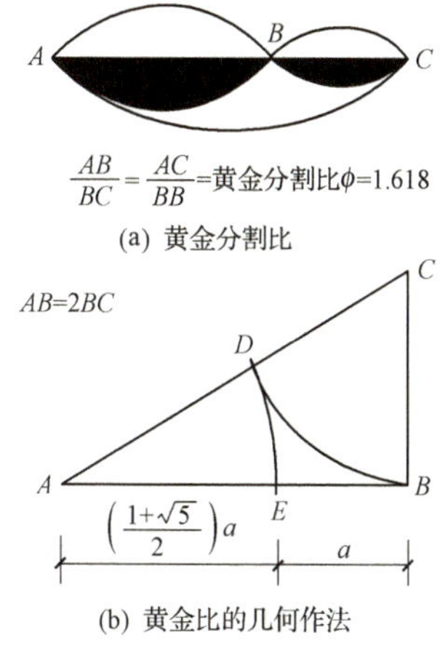

(a) 黄金分割比

(b) 黄金比的几何作法

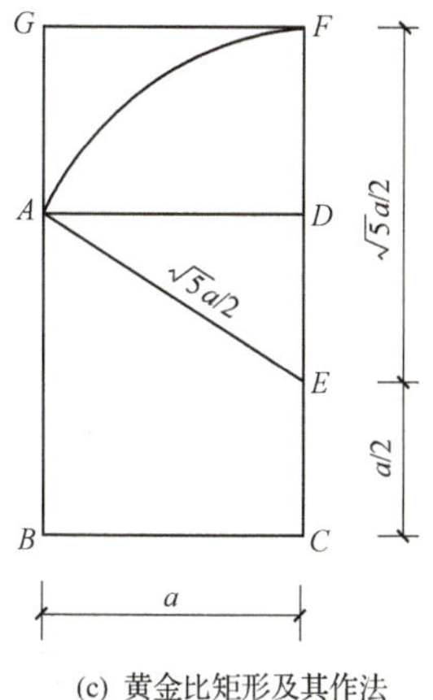

(c) 黄金比矩形及其作法

图 1.3 黄金比及黄金比矩形

2）整数比：线段之间的比例为 2∶3、3∶4、5∶8 等整数比例之比称为整数比。由整数比 2∶3、3∶4 和 5∶8 等构成的矩形具有匀称感、静态感，而由数列组成的复比例2∶3∶5∶8∶13 等构成的平面具有秩序感、动态感。现代设计注重明快、单纯，因而整数比的应用较广泛。

3）平方根矩形：平方根矩形自古希腊以来一直是设计中重要的比例构成因素。

4）勒·柯布西埃模数体系：勒·柯布西埃的模数体系是以人体基本尺度为标准建立起来的，它由整数比、黄金比和费波纳齐级数组成。柯布西埃进行这一研究的目的就是为了更好地理解人体尺度，为建立有秩序的、舒适的设计环境提供一定的理论依据，这对建筑及环境艺术的设计都很有参考价值。

在环境艺术设计中所设计的形象，其占面积的大小、空间分割的关系、色彩面积比例等都需要我们用这种理性的思维去作以合理的安排。

尺度是指人与它物之间所形成的大小关系，由此而形成的一种大小感及设计中的尺度原理也与比例有关系。比例与尺度都是用于处理物件的相对尺寸。如果说有所不同，那么比例是指一个组合构图中各个部分之间的关系，而尺度则指相对于某些已知标准或公认的常量对物体的大小。

任何一个空间都应根据它的使用功能及相应的环境氛围来确立自己的尺度。而环境艺术尺度感的建立，则离不开一个可以参照的标准单位，那就是“人体尺度”——环境艺术的真正尺度。通过人体尺度来设计整体尺寸，使人获得对环境艺术整体尺度的感受，或高大雄伟，或亲切宜人。

(5) 质感和肌理

质感可被理解为人对不同材料质地的感受。材料手感的软硬糙细，光感的阴暗鲜晦，加工的坚松难易，持力的强弱紧弛等这些特点能调动起人们在感知中视觉、触觉等知觉活动以及其他诸如运动、体力等感受的综合过程。这种感知过程直接引起人们对物质材料的雄健、纤弱、坚韧、温柔、光明、灰涩等形态上的心理反应。正确认识和选择各种物质材料的物理特征、加工特征以及形态特征，是环境艺术设计过程中的重要环节。

环境艺术中的肌理有两方面的含义：一方面是指材料本身的自然纹理和人工制造过程中产生的工艺肌理，它使质感增加了装饰美的效果。我们可以把“肌”理解为原始材料的质地，把“理”理解为纹理起伏的编排。比如，一张白纸可折出不同的起伏状态，花岗石的表面可磨制为镜面或粗面效果，虽然材质并无变化，但肌理形态却有了较大的改观。可见在设计中对“肌”主要是选择问题，而对“理”却有更多的设计可能。因此，在环境设计中我们应把更多的注意力放在对纹理的设计或选择上。

肌理的另一含义是指构成环境的各要素之间所呈现出的一种富于韵律、协调统一的图案效果，如老北京四合院群在城市街区之中所呈现出的一种大范围的肌理效果。这种肌理的形成，可以是一种材料，也可以是植物等自然要素，甚至是建筑物本身。

(6) 韵律与节奏

韵律与节奏是由构图中某些要素有规律地连续重复产生的，源于音乐中的术语，后被引申到造型设计中来，用以表达条理性、重复性等美的形式。韵律运用于环境艺术设计，主要体现在空间与时间关系中环境艺术构成要素的重复。如园林中的廊柱，粉墙上的连续漏窗，道路边等距栽植的树木都具有韵律节奏感。重复是获得节奏的重要手段，简单的重复显得单纯、平稳；复杂的、多层面的重复中各种节奏交织在一起，能使构图丰富产生起伏、动感的效果，但应注意使各种节奏统一于整体节奏之中。

1) 简单韵律。简单韵律是由一种要素按一种或几种方式重复而产生的连续构图。简单韵律使用过多易使整个气氛单调乏味，有时可在简单重复基础上寻找一些变化，例如：我国古典园林中墙面的开窗就是将形状不同、大小相似的空花窗等距排列，或将不同形式的花格拼成形状和大小均相同的漏花窗按等距排列(图 1.4)。

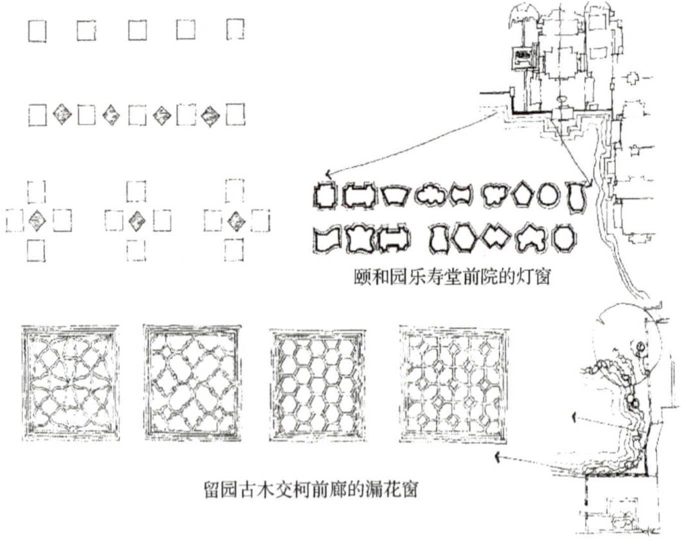

图 1.4 简单韵律

2）渐变韵律。渐变韵律是由连续重复的因素按一定规律有秩序地变化形成的，如长度或宽度逐次增减，或角度有规律地变化(图1.5)。

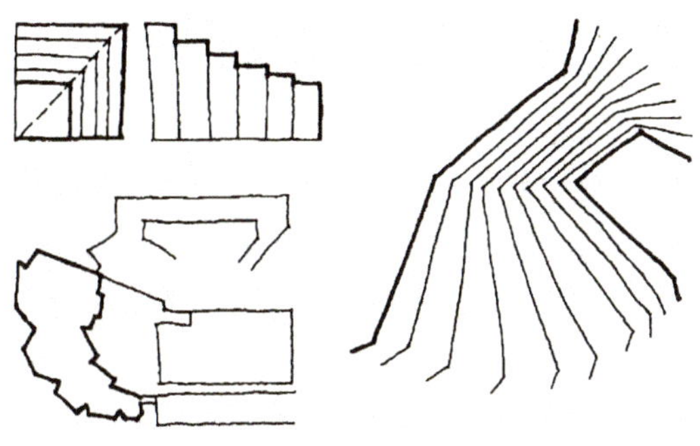

图1.5 渐变韵律

3）交错韵律。交错韵律是一种或几种要素的相互交织、穿插所形成的表现形式。

在环境艺术中，韵律不仅可以通过元素重复、渐变等表现形式体现在立面构图、装饰和室内细部处理等方面，还可以通过空间的大小、宽窄、纵横、高低等变化体现在空间序列中。例如，中国古典园林中将观赏景物的空间，设置于亭、廊等构图制高点的中心地带，形成优美的静观景物画面，使得此处往往成为游人最多、逗留最久之处；在动态观赏的空间组织中，则从构图的边界和景色的更替入手，使游人步移景异，给过往的人群，通过对暗含其中的韵律美的设计，不仅能形成一种愉快和连续的趣味感受，而且也使人们对于结尾要出现的意外收获充满期待(图1.6)。

图1.6 交错韵律

韵律美在建筑环境中的体现极为广泛，从东方到西方，从古代到现代，我们都能找到富有韵律美和节奏感的建筑。

4. 可持续发展原则

环境艺术设计要遵循可持续发展的要求，不仅不可违背生态要求，还要提倡绿色设计来改善生态环境；另外，将生态观念应用到设计中，掌握好各种材料特性及技术特点，根据项目的具体情况选择合适的材料，尽可能做到就地取材，节能环保；充分利用环保技术使环境成为一个可以进行“新陈代谢”的有机体。此外，环境艺术设计还应具有一定的灵活性和适应性，为将来留下可更改和发展的余地。

5. 创新性原则

环境艺术设计除了要遵循上述设计原则以外，还应当努力创新，打破大江南北千篇一律的局面；深入挖掘不同环境的文化内涵和特点，尝试新的设计语言和表现形式，充分展现出艺术的地域性形成的个性化的艺术特征。

1.4.2 室内、外环境设计的构成要素

置身于任何一个建筑环境中，人们都会很自然地注意到环境的各种构成要素，比如空间、形态、材质等。在建筑环境中，正是通过这些要素不同的表现形态和构成方式使人们获得了丰富多彩的生存环境。这些环境要素作用于人们的感官，使人们能够感知它、认识它，并透过其表现形式，掌握环境的内涵，发现环境的特征和规律，使人更舒适惬意地在环境中生活。然而，单纯的要素集合并不足以形成舒适的环境，只有当它们之间以一定的规律结合成一个有机的整体时，环境才能真正地发挥

其作用。而面对诸多的环境要素，设计人员不能因此而迷失方向，需掌握每一要素自身具备的特征，并熟悉其构成的规律，才能在各类环境的艺术设计中达到游刃有余的境地。

1. 空间

所谓空间，可以理解为人们生存的范围。大到整个宇宙，小至一间居室，都是人们可以通过感知和推测得到的。环境的空间分为建筑室外空间和建筑室内空间。作为环境质量和景观特色再现的空间环境，总是在不断发展变化着和始终处于不断的新旧交替之中；并且，随着技术经济条件、社会文化的发展及价值观念的变化，还在不断产生出新的具有环境整体美、群体精神价值美和文化艺术内涵美的空间环境。但值得注意的是，随着材料和技术日新月异的发展，使人们对环境空间的多样化需求成为可能，表现在对室内空间与室外空间的概念的界定方面在有些情况下变得相当模糊。例如，现代建筑中大量采用大面积的幕墙玻璃或点阵玻璃作为室内空间一个面或几个面的立面围合，虽然从物理的角度而言，这种空间的围合仍然完整，但因为玻璃的通透性质，使人们对这种围合空间的心理感受游离于“有”与“无”之间，从而使室内与室外变得更为融通；再如，中厅或共享空间的透光顶棚，将蓝天和阳光引入室内，也能大大满足人们在室内感受自然的心理需求。更有一些现代主义设计者强调运用构成的形式，从而形成多种不确定的界面围合，介于室内空间与室外空间之间的中介空间。这种多元化空间变化的出现满足了多层次人的使用需求。

2. 材质

材质指材料本身表面的物理属性，即色彩、光泽、结构、纹理和质地，是色和光呈现的基体，也是环境艺术设计中不可缺少的主要元素。不同质感的材料给人不同的触感、联想和审美情趣。材料美与材料本身的结构、表面状态有关。例如，金属、玻璃、材料，它们质地紧密、表面光滑，有寒冷的感觉；木材、织物则明显是纤维结构，质地较疏松，导热性能低，有温暖的感觉；水磨石按石子、水泥的颜色和石子大小的配比不同，可形成各种花纹、色彩；粗糙的材料如砖、毛石、卵石等具有天然而淳朴的表现力。总之，不同种类与性质的材料呈现不同的材质美。设计者往往将材料的材质特点与设计理念相结合，来表达一定的主题。例如，清水砖、木材等可以传达自然、古朴的设计意向；玻璃、钢材、铝材可以体现高科技的时代特征；裸露的混凝土以及未经修饰的石材给人粗犷、质朴的感受，追求自然淳朴的材质美也是现代设计美学特点之一。可以说每种材质都具有与众不同的表情，而且同样的材质由于施工工艺的不同，所产生的艺术效果也都不一样。熟练地掌握材料的性能、加工技术，合理有效地使用材料的特点，充分发挥材料的材质特色，便可创造出理想的视觉和艺术效果。

3. 形态

形态指事物在一定条件下的表现形式。环境中的形态具有具体外形与内在结构共同显示出来的综合特性。环境设计的创意首先体现在形态上，大致可分为自然形态和几何形态两种形式。自然界中经过时间检验、岁月洗刷呈现于我们眼前的万物，是设计师们取之不尽的设计源泉。从自然界中汲取灵感的仿生设计对现代设计产生了重要的影响。建筑师们曾模拟贝壳结构、蜂窝形态设计出了大量优秀而新奇的作品。例如，建筑大师高迪的设计思想就是源于对大自然和有机世界的认识和借鉴，他的作品形态新颖、生动多变，并且富有极强的生命力。公共环境中采用自然形态造型的设计随处可见。几何形态如方体、球体、锥体等都有着简洁的美学特征，基本几何体经过加减、叠加、组合，可以创造出形式丰富的几何形态。现代主义、解构主义设计流派的许多优秀作品便是几何形态的生动演绎。此外，还有很多颇有意趣的环境设计形态取材于社会生活中的事物或事件，它们通常运用夸张、联想、借喻等手法的处理，更多地表现了地域文化及习俗，其多元化、注重装饰以及娱乐性的特征，颇有后现代主义的风格。环境设计通过其形态特征可以对人们心理产生影响，使人们产生诸如愉悦、惬意、含蓄、夸张、轻松等不同的心理情绪。正因为如此，从某种意义上而言，环境形态设计的成败即在于能否引起人们的注意力，并使人参与到空间环境中来。

第二章

环境艺术设计与空间的关系

第一节 空间的属性

2.1.1 空间的物质属性

空间的物质属性主要是指空间的基本使用功能。空间是人类活动和赖以生存的栖息地，它是一个满足人们基本活动使用要求的物态形式。原始人类为了避风雨、御寒暑和防止其他自然现象或野兽的侵袭，用树枝、石头构筑的巢穴形成了最早的栖息空间，这时的空间功能十分简单、感性与直观。随着人类社会文明的发展和社会科技的进步，人们由被动的适应环境转变到运用科技的手段来创造与满足生活中各种活动所需要的空间功能要求。例如，通风、采光、声环境、消防等相应设备科学性与合理性的应用，设计结构、施工工艺、材料等方面技术性的安排。

现代空间为人们的室内外各种活动提供了相应的场所和服务，能满足人们各种活动条件的要求，具有使用上的便利、健康、安全、舒适之感。例如，室外空间中，广场、公园等具备可供人们进行集会、散步、游戏、交谈、野餐等使用功能的空间；居住区中的绿地、庭院是人们晨练、儿童嬉戏、居民交流的理想场所；室内的居住空间，为人们建立了可以在其中休息、娱乐、待客的空间且具有独立的、自由的私密性特点。

2.1.2 空间的精神属性

空间的精神属性主要指的是在满足使用功能空间环境的基础上引发人的心理与审美、精神文化方面的效应。

人是空间的使用者，是空间的主体，空间的形成与存在的最终目的是为人提供适宜的生存与活动场所。所以，在空间设计过程中应充分地考虑使用者各方面的需求，把人的主体性作为设计的出发点和归宿；而随着生活水平的日益提高，人们已经不仅仅满足于物质条件的要求，精神生活方面的享受越来越成为人们重要的追求内容。由此，空间的发展也从人们基本的生理需求转而向更高层次的心理与精神需求方面发展，更加看重空间环境的美感及其中所蕴含的文化意蕴。

因此，现代空间设计十分注重空间人性化的表达、美的创造，并使其能渲染出一种气氛，引发出一种意境，创造出符合一定文化内涵和特定精神需求的环境，以激发人的情感和心境，使人在其中感到舒适、愉悦，从而提高和完善人们生活的品质，实现现代人空间环境精神品位的追求。例如，由贝聿铭先生主持设计的香山饭店，利用一种现代的语言形式来诠释传统的建筑艺术的文化，体现出了深厚的人文积淀，把中园古典建筑艺术、园林艺术、环境艺术完美结合，让空间的使用者能够充分感受到传统文化的艺术魅力，满足了人们精神上的审美要求。空间内部院落相间，阳光透过玻璃屋顶泻洒在绿树茵茵的厅内，明媚而舒适，山石、湖水、花草、树木与白墙灰瓦式的主体建筑相映成趣，这一切都能让人感受到大自然的意境，同时也满足了人们回归自然的心理需求(图 2.1 和图 2.2)。

图 2.1 香山饭店外部景观

图 2.2　香山饭店内部景观

第二节　空间的组织

2.2.1　空间的基本关系

1. 包容关系

是指一个相对较小的空间被包含于另外一个较大的空间内部，这是对空间的二次限定，也可称为“母子空间”。二者存在着空间与视觉上的联系，空间上的联系使人们行为上的联想成为可能，视觉上的联系有利于视觉空间的扩大，同时还能够引起人们心理与情感的交流。一般来说，子空间与母空间应存在着尺度上的明显差异，如果子空间的尺度过大，会使整体空间效果显得过于局促和压抑。为了丰富空间的形态，可通过子空间的形状和方位的变化来实现(图 2.3)。

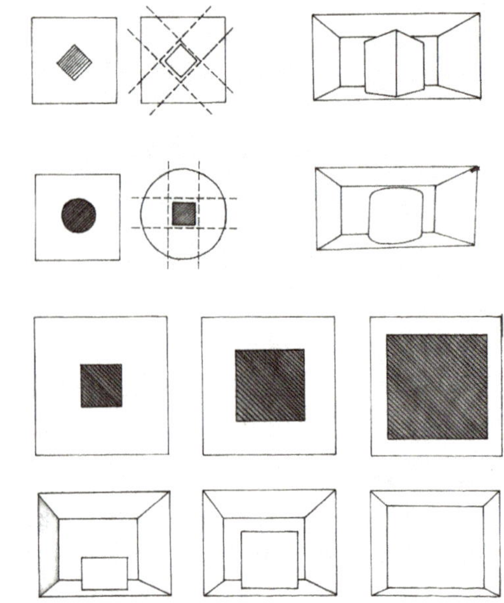

图 2.3　空间的包容关系示意图(摹绘：赵建勋)

2. 穿插关系

穿插关系是指两个空间相交、穿插叠合所形成的空间关系。空间的相互穿插会产生一个公共空间部分，同时仍保持各自的独立性和完整性，并能够彼此相互沟通形成一种你中有我、我中有你的空间态势。两个空间的体量、形状可以相同，也可不同，穿插的方式、位置关系也可以多种多样。空间的穿插主要表现为以下三种形式：

1) 两个空间相互穿插部分为双方共同所有，使两个空间产生亲密关系，共同部分的空间特性由两空间本身的性质融合而成。

2) 两个空间相互穿插部分为其中一空间所有，成为这个空间中的一部分。

3) 两个空间相互穿插部分自成一体，形成一个独立的空间，成为两个空间的连接部分(图 2.4)。

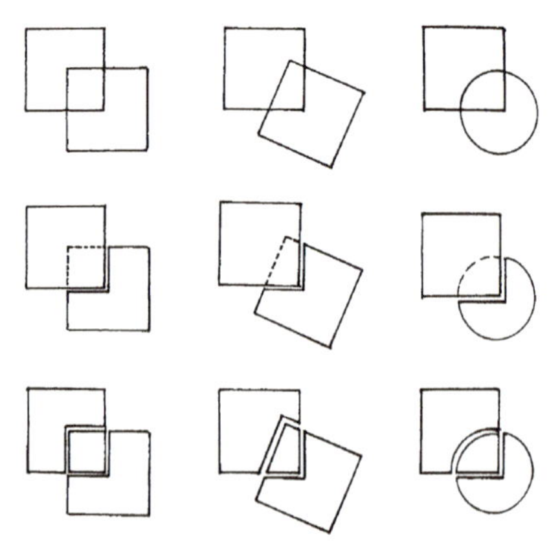

图 2.4　空间的穿插关系示意图(摹绘：彭雅娟)

3. 邻接关系

邻接关系是指相邻的两个空间有着共同的界面，并能相互联系。邻接关系是最基本与最常见的空间组合关系。它使空间既能保持相对的独立性，又能保持相互的连续性。其独立与连续的程度，主要取决于邻接两空间界面的特点。界面可以是实体，也可是虚体。例如，实体一般可采用墙体，虚体可采用列柱、家具、界面的高低、色彩、材质的变化等来设计(图 2.5)。

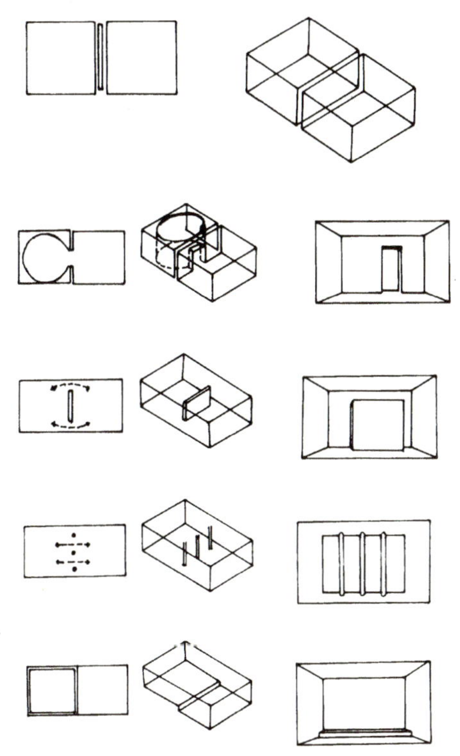

图 2.5 空间的邻接关系示意图(摹绘：赵建勋)

4. 过渡关系

过渡关系是指两个空间之间由第三个空间来连接和组织空间关系，第三个空间成为了中介空间，主要对被连接空间起到引导、缓冲和过度的作用。它可以与被连接空间的尺度、形式等相同或相近，以形成一种空间上的秩序感；也可以与被连接的空间形式完全不同，以示它的作用。如果过渡空间较大，则可以成为此空间的主导，并具有将一些空间组织在其周围的能力。

过渡空间的具体形式和方位可根据被联系空间的形式和朝向来确定(图 2.6)。

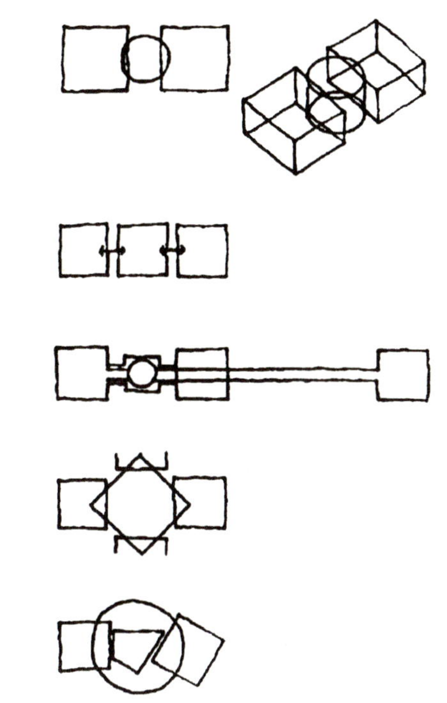

图 2.6 空间的过渡关系示意图(摹绘：党渤)

2.2.2 空间的组合

1. 集中式空间组合

集中式空间组合通常表现为一种稳定的向心式构图，它由一个空间母体为主结构，一系列的次要空间围绕这个占主导地位的中心空间进行组织。处于中心的主导空间一般为相对规则的形状，如圆形、方形或多角形，并有足够大的空间尺度，以便使次要空间能够集中在其周围；次要空间的功能、体量可以完全相同，也可以不同，以适应不同功能和环境的需要。通常，集中式组合本身没有明确的方向性，其入口及引导部分多设于某个次要空间，交通路线可以是辐射式、螺旋式等。这种空间组合方式适用于酒店、办公建筑等的共享空间，西方传统的教堂也有很多采用这种空间的组合方式。古罗马和伊斯兰的建筑师最早应用集中式空间组合方式营造教堂、清真寺建筑（图2.7～图2.9）。

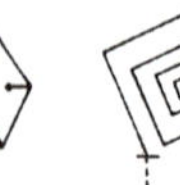

图2.7 空间的集中式组合关系示意图（摹绘：赵建勋）

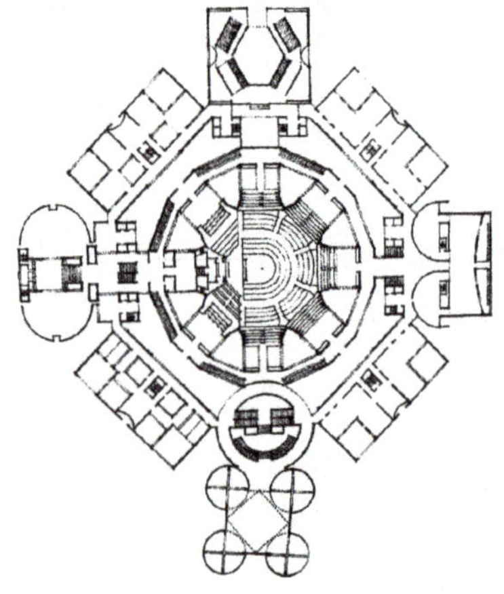

图2.8 孟加拉国议会大厦平面

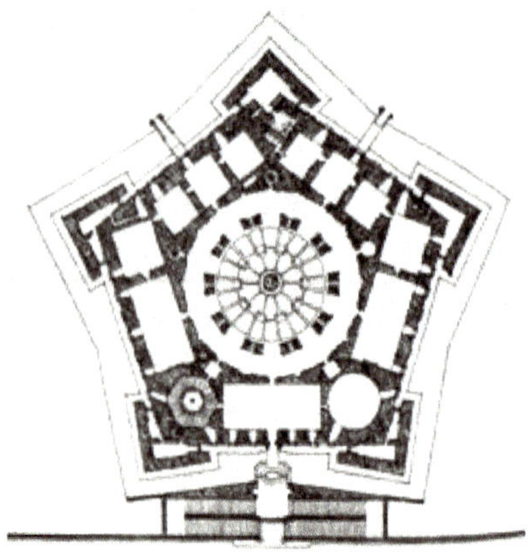

图2.9 法尔尼斯宫

2. 线式空间组合

线式空间组合是指由尺寸、形式、功能性质和结构特征相同或相似的空间重复出现而构成。也可将一连串形式、尺寸和功能不相同的空间，由一个线式空间沿轴向组合起来。

在这种组合中，功能方面或者象征方面具有重要性的空间，可以出现在序列的任何一处，以尺寸或形式的独特表明它们的重要性；也可以通过所处的位置加以强调，如置于线式序列的端点、偏移于线式组合，或者处于扇形线式组合的转折上。

线式空间组合的特征是“长”，因此，它表达了一种方向性，具有运动、延伸、增长的意义。为使延伸感得到限制，线式组合可以终止于一个主导的空间或形式，或者终止于一个特别设计的清楚标明的空间，也可与其他的空间组织形态或场地、地形融为一体。这种组合方式简便、快捷，适用于教室、宿舍、医院病房、旅馆客房、住宅单元、幼儿园等建筑空间（图2.10～图2.12）。

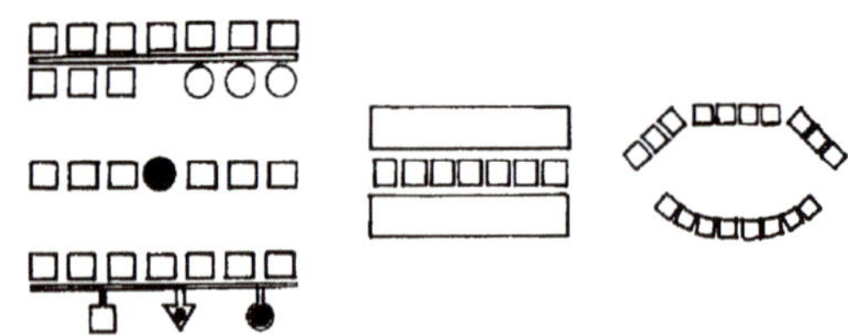

图2.10 线式空间组合示意图（摹绘：彭雅娟）

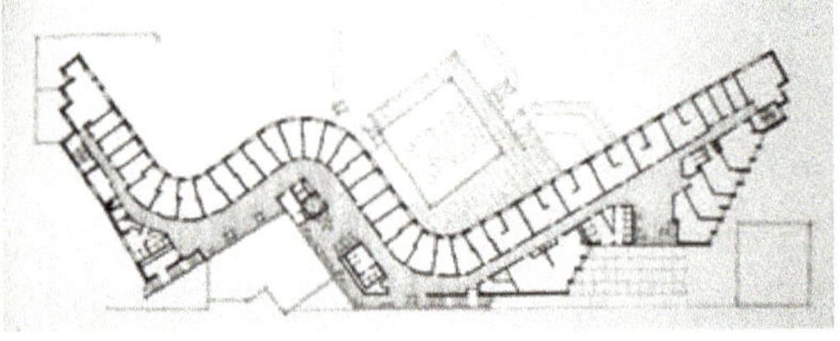

图2.11 朝向村庄街道的台地式住宅

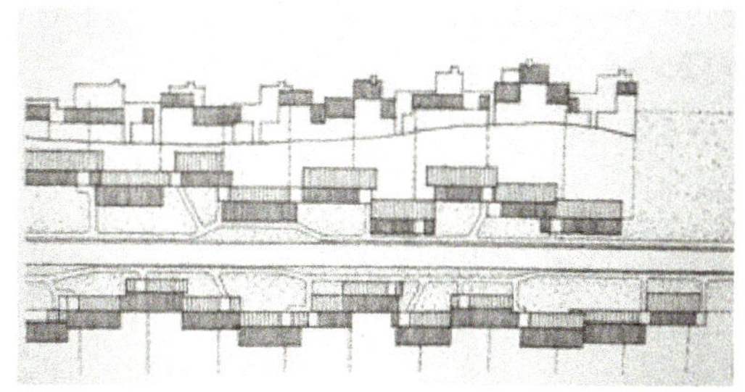

图 2.12　麻省理工学院贝克大楼上层平面

3. 放射式空间组合

放射式空间组合方式兼有集中式和线式空间特征。它由一个主导的中心空间和若干向外放射状扩展的线式空间组合而成。

集中式空间形态是一个向心的聚集体，而放射式空间形态通过现行的分支向外伸展。正如集中式空间组合一样，放射式空间组合方式的中心空间一般是规则的，其放射状分支空间的功能、尺度、结构可以相同，也可不同；长度可长可短，以适应不同环境的变化需求。放射式空间组合也有一种特殊的变体，即“风车式”的图案形态。它的线式空间沿着规则的中央空间的各边向外延伸，形成一个富于动感的“风车”图案，在视觉上能产生一种旋转感(图 2.13～图 2.15)。

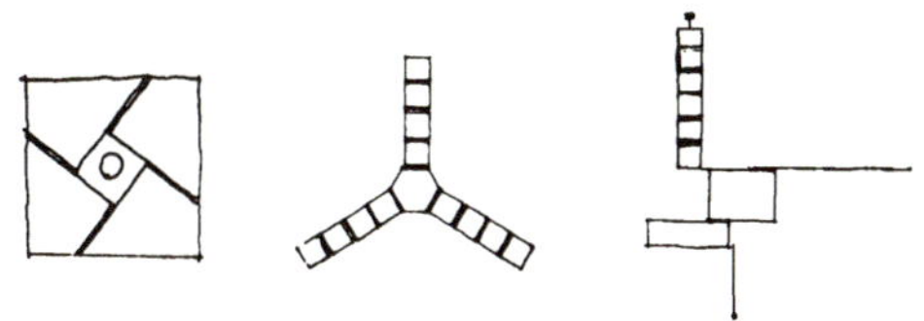

图 2.13　放射空间组合示意图(摹绘：陈思捷)

4. 组团式空间组合

组团式空间形态通过紧密连接使各个小空间之间相互联系，进而形成一个组团空间。每个小空间一般具有类似的功能，

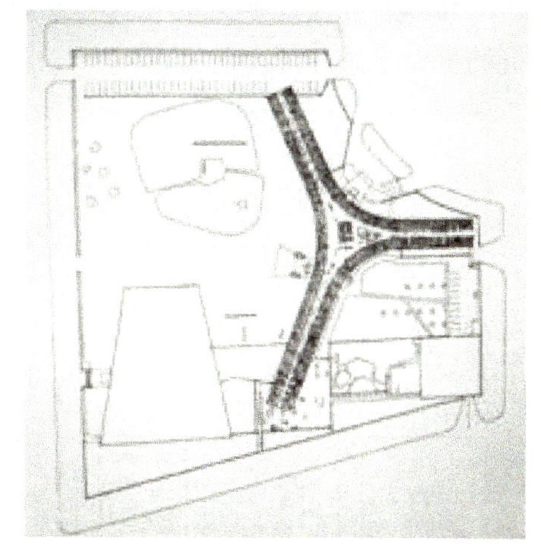

图 2.14　联合国教科文组织总部秘书处大楼

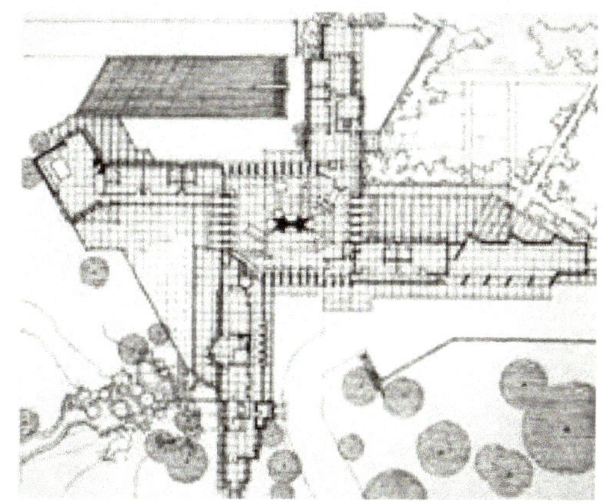

图 2.15　H. F. 约翰逊住宅

并在形状、朝向等方面有共同的视觉特征，但其组团也可采用尺度、形式、功能各不相同的空间组合，而这些空间常要通过紧密连接和诸如对称轴线等视觉上的一些规则手段来建立关系。因为，组合式空间形态的图案并不是来源于某个固定的几何概念。因此，空间灵活多变，可随时增加和变化而不影响其特点。

由于组团式空间组织的平面图形中没有固定的重要位置，因此必须通过图形中的尺寸、形式或朝向，才能显示出某个空间所具有的特别意义。在对称及有轴线的情况下，可用于加强和统一组团式空间组织的各个局部来加强或表达某一空间或空间组群的重要意义(图 2.16～图 2.18)。

图 2.16 组团式空间组合示意图
(摹绘:彭雅娟)

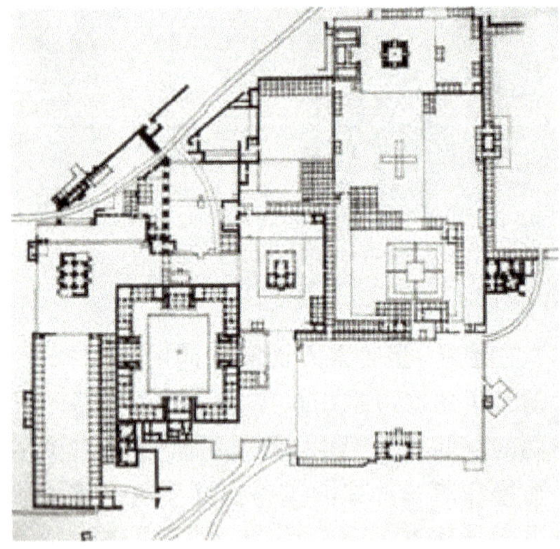

图 2.17 费特普·斯克里,印度莫卧儿大帝阿克巴的宫殿综合体

5. 网格式空间组合

网格式空间组合是空间的位置和相互关系受控于一个三度网格图案或三度网格区域。网格的组合力来自于图形的规则和连续性,它们渗透在所有的组合要素之间。

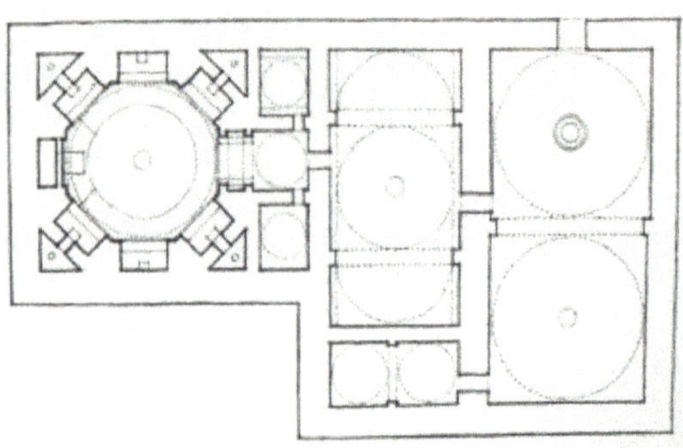

图 2.18 叶尼-卡普里卡(温泉浴室)

由空间中的参考点和参考线所形成的图形建立起一种稳定的位置或稳定的区域。通过这种图形,网格式空间组合享有了共同的关系。因此,即使网格组合的空间尺寸、形状或功能各不相同,仍能合为一体。建筑中的网格大多数是通过梁与柱组成的框架结构体系体现的,在网格区域内,空间既能以独立的实体出现,也能以重复的网格模数单元出现。无论这些空间在该区域中如何布置,只要把它们看作“正”的形式,就会产生一些次要的“负”的空间。由于网格是由重复的模数空间组合而成的,因而空间可以削减、增加或层叠,而网格的同一性保持不变,具有组合空间的能力(图 2.19～图 2.21)。

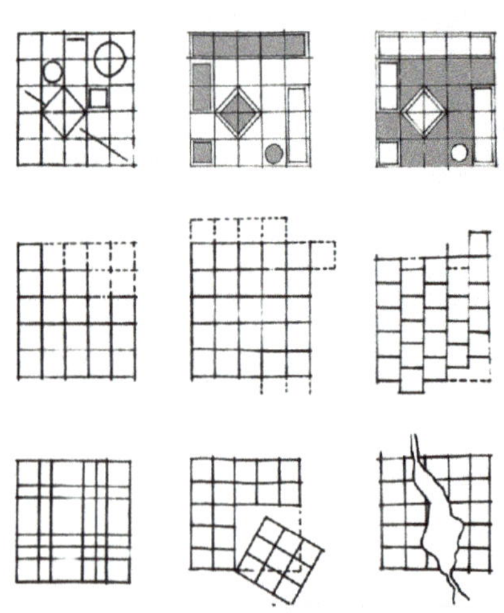

图 2.19 网格式空间组合示意图
(摹绘:张牧欣)

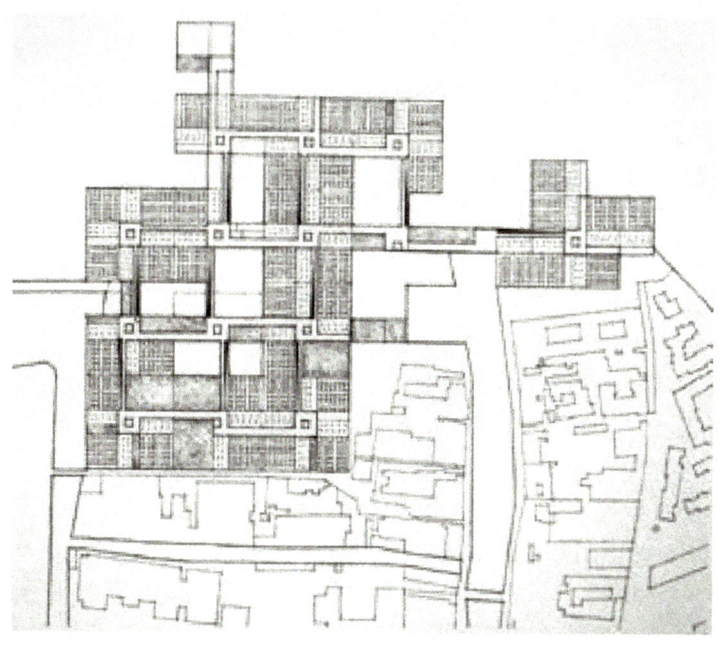

图 2.20 威尼斯医院方案

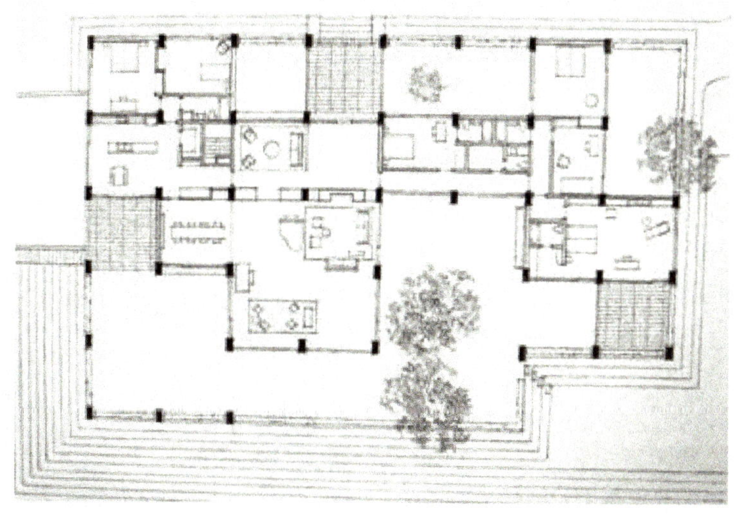

图 2.21 勃逊纳斯一号住宅

第三节 室内空间环境设计基础

2.3.1 室内空间环境的概念

从古至今，人类为了自身拥有良好的生存环境和质量，为了能够建立安全、健康、舒适生活方式和美的生活环境而始终不懈努力地追求着各种各样的创造性的活动。我们在前面讲过，早在原始社会人们用树枝、石头构筑巢穴来躲避风雨和野兽侵袭的原始社会，就形成了最原始的建筑活动，也形成了最早的室内空间。随着时代的进步与社会的发展，建筑的活动与其形式不断演变，内部环境的变化也会随之越来越丰富起来。

室内空间环境是指建筑的内部环境，是由限定空间要素的墙体、地面、天棚围合而成的。室内空间与人的关系最为密切，人生的大部分时间都会在其中度过，对人的影响最大。在室内空间中，人会有各种不同类型的活动和不同的功能需求，当然也必须具有不同功能的空间与之相适应。例如，居家生活的居住空间，学习、查阅资料的图书馆空间，休闲、购物的商业空间，就餐、就饮的餐饮空间，歌舞、视听的娱乐空间，开会、议事的会议空间，观看表演的剧院空间等。每一种空间都应当在满足一定物质功能并在此前提下具有形式的美感，以满足人们的精神感受和审美要求。

2.3.2 室内环境设计的主要构成要素

1. 家具

家具是室内环境中不可缺少的重要组成部分，与人们生活密不可分，无论是学习、工作、休息、娱乐等都离不开对家具的使用。家具的选用、布置方式要与不同场所、不同的用途、不同性质的使用要求相结合，它对空间的划分及使用性能、环境效果等有着重要的影响。家具是现代室内设计的继续与深化，是室内环境的再创造，它不仅是一种实用功能的物品，还是表达视觉艺术品位和人们审美价值的体现，是一种情趣、意境的物化表现形式。

(1) 家具的作用

第一，具有实用性和识别空间的性质。

家具的主要作用首先是它的使用功能，即满足人们在空间中的基本使用需求，是其实用性质的基本体现。其次，通过家具的布置和组织能够反映出空间环境的使用目的、规格、等级标准、地位以及体现出使用者的个性。

第二，能够有效地分隔空间、组织空间。

利用家具分隔、组织空间是室内设计中常用的手段，也是一种简单、灵活、机动的设计方法。家具分隔既能保持空间原有的通透性，又可以划分空间单元，使空间隔而不断，相互渗透；既能提高空间的使用效率、丰富空间的层次关系，还可以减少墙体的面积、减轻自重，节省空间。例如，在商业空间中，常采用货架、陈列柜等来划分和组织营业区域和通行路线。在住宅的起居室中，则利用沙发或装饰柜等区分出待客、休息等的区域。在办公空间中，通常结合办公桌等形成隔断以此来分隔空间。家具的布置与组织决定了室内交通组织的优劣，如在餐饮空间中，桌椅之间的间距决定了通道的尺度，间距过小会给用餐者或服务人员的通行带来很大的不便(图 2.22～图 2.25)。

图 2.22　运用货架分隔空间(摄影：党渤)

第三，反映艺术与文化内涵、创造环境氛围。

家具不仅能够满足人们对使用功能的要求，还能满足人们精神上对美的追求。优秀的家具设计，其本身就具有较强的艺术性和文化性，与建筑设计一样会受到各种思潮和流派的影响，从古至今，形态各异

图 2.23 运用家具如沙发分割空间(摄影:党渤)

图 2.24 运用家具如餐桌分割空间(摄影:赵建勋)

图 2.25 运用家具如办公桌与装饰隔断组合分割空间(摄影:赵建勋)

的家具，反映出了不同文化、地域、民族的特色与风格。由于家具在空间中所占比重较大，其丰富的形态、色彩、质感机理的变化能够体现出不同的环境特点，还能深刻表达一定的思想和内涵，体现使用者的审美与情趣；同时，对室内环境氛围的塑造也有着十分重要的影响。例如：色调鲜亮、明快，造型简洁、个性的家具能形成现代、时尚、简约的环境特色；质地朴实、自然，色彩清新、典雅的家具能营造出乡土、田园的空间气息；装饰感强、工艺复杂、色彩绚丽、材料昂贵的家具能体现出奢侈、高贵、华丽的环境氛围(图 2.26 和图 2.27)。

图 2.26 简洁时尚的风格(摄影:张牧欣)

图 2.27 田园风格(摄影:胡男兮)

(2) 家具的布置方式

1) 行列式：家具以行列的方式展开布置，给人以秩序、整齐的感受。一般常用于教室、餐厅、大型会议厅等空间(图 2.28)。

图 2.28　行列式的家具布置方式

图 2.30　岛式的家具布置方式(摄影:雷贵帅)

2) 沿墙式:家具沿墙四周布置,留出中心空间的位置。能使空间相对集中,易于组织交通,为举行其他活动提供较大的空间;同时,也便于中心布置其他的家具和陈设。这是十分常见的一种布置方式。在大型商场,通常采用将货柜和货架沿墙组合排列(图 2.29)。

图 2.29　沿墙式的家具布置方式(摄影:张娟)

3) 岛式:家具布置在室内中心部位,留出周边空间。强调家具的中心位置,显示其重要性和独立性,保证周边交通活动的流畅性。在展示空间或商业空间里,为了更好地突出展品和便于观者能够从各个角度欣赏展品,常会采用岛式的家具布置方式(图 2.30)。

4) 单边式:家具集中一侧布置,留出另一侧为通行空间。这样的设计能使空间分区明确、干扰小,交通成为线性(图 2.31)。

图 2.31　单边式的家具布置方式

5) 过道式:家具布置在两侧,中间留出通行空间。这种布置方式能沟通两侧的空间。居家厨房的家具布置,常会把操作台分布在空间的两侧,人在中间进行各种操作活动(图 2.32)。

图 2.32　过道式的家具布置方式(摄影:党渤)

2. 陈设

陈设是现代室内环境中十分重要的一部分。室内陈设除了家具以外还包括室内织物、艺术品、工艺品、绿化盆景、日常的生活用品等。能否对陈设进行精心的选择和别具匠心的布置，是室内设计成功的关键环节。通过利用不同陈设的材质美、肌理美、色彩美、图案美、造型美可以烘托室内的环境气氛、强化室内风格的特点、调节与柔化空间效果；同时，陈设还具有一种超越美学价值而赋予较高精神境界的特质，能够有效地陶冶人的情操，增强空间的艺术性与文化内涵。

(1) 陈设分类

1) 织物陈设：室内织物主要包括地毯、壁挂、窗帘、帷幔、床上用品、台布等。织物在室内环境中覆盖面积较大，其花纹、质地色彩对室内的气氛、格调、意境会产生强烈的渲染作用。此外，织物具有质地柔软、色泽美观、触感舒适的特性，能够弥补建筑墙面的生硬、呆板之感，起到柔化、点缀空间的作用。随着经济与技术的发展，织物在室内设计中的应用越来越广泛，无论是在公共空间还是在私密环境中都能看到织物的“身影”。例如，在级别与标准要求较高的空间里，地面常会大面积采用地毯铺地，彰显出庄重、华贵的气势，如宴会厅、会议室、多功能厅等环境空间(图 2.33)；在一些宾馆客房、走廊中，也常会利用地毯这一织物铺地，一方面，能起到避免噪声、吸声的作用，为空间提供整洁、安静的环境；另一方面，地毯的柔软质感令使用者能够感到家的亲切与舒适(图 2.34)。

图 2.33 色彩鲜艳的地毯使空间显得富丽堂皇(摄影：陈思捷)

图 2.34 织物的设计让人感到家的舒适(摄影：吴豪)

2) 装饰性陈设：装饰性陈设又称观赏性陈设，其种类繁多、形态各异、材料多元而广泛，如陶瓷、漆器、雕塑、金属制品、玩具、挂毯、字画等。这类陈设本身没有实用价值，主要是作为观赏与装饰使用，与环境协调的装饰性陈设设计，能够突出空间主题，提升环境的品质，深化其文化内涵和层次，陶冶人的情操。例如，中国传统绘画、书法具有较深的文化内涵和审美情趣，一般被陈设于书房、会议室、办公室、图书馆等环境中，以营造出一种格调高雅、清新的文化气息。此外，有些艺术品还具有很高的收藏价值，如古玩、字画、邮票、钱币以及各式各样的纪念品等都能成为室内装饰性陈设的内容(图 2.35～图 2.37)。

3) 日用性陈设：日用性陈设是我们生活中必备的工具，它不但具有实用性，还兼有观赏和装饰作用，其质地、花色、形态和

图 2.35 传统的窗格成就了现代空间中“中国味”十足的墙式(摄影:张牧欣)

图 2.36 民族气息浓郁的装饰线增添了空间的文脉感(摄影:党渤)

图 2.37 别有情调的饰物与欧式的小桌形成鲜明的对比,彼此相互衬托(摄影:张娟)

工艺都体现出文化的品位和格调。如家用电器、灯具、钟表、茶具、餐具、日用化妆品等(图 2.38 和图 2.39)。

图 2.38 具有古典气息的瓷器餐具(摄影:张娟)

图 2.39 别致的水晶吊灯(摄影:张牧欣)

(2) 陈设的选择与设计原则

第一,陈设的选择与设计应符合空间的功能。

陈设作为室内环境构成要素的一部分,不能脱离整体的环境关系,应与空间的使用功能性质取得一致,与特定的环境相协调,才能有效地发挥其作用,形成空间特色。例如,在旅游建筑空间中,一般选择一些具有代表地方特色或民族特点图案或色彩的陈设品,以保持风格上的统一。在娱乐空间中，适宜采用以曲线图案为构成的陈设，体现动感、自由、活泼的个性特性。在住居空间里，儿童居室陈设要充分考虑孩子的心理、生理的特点，其家具尺度不易过高、过大，陈设形态应色彩明快、亮丽，并有一定的趣味性。因此，陈设品的选用与设计无论在题材、构思、图案、色彩、材质等都必须服从空间的功能要求。

第二，陈设的大小、形式应与空间尺度和家具的尺度相协调。

空间的尺度不同，对于陈设的选择当然也会有所不同，如果陈设尺度相对于空间尺度过大，会使室内显得过小，给人以拥挤、压抑的感受；如果尺度相对过小，陈设将不能起到应有的作用，给人以单调空洞的感受。陈设与家具的尺度关系亦是如此，如陈列架上的装饰陈设尺度太大，陈列架会显得过满、凌乱；过小，则会使失去其装饰的意义。

第三，陈设与室内整体环境的装饰风格要相一致。

室内的装饰风格是多种多样的，如现代简约风格、中国传统风格、田园乡土风格、欧式古典风格等，针对各异的风格特点和装饰要求，陈设的选用应仔细地推敲，使其在形态、色彩、材质等方面与整体的空间氛围取得呼应关系，增强环境的艺术与文化内涵，才能达成和谐统一的效果。例如，在设计简约的起居室空间中，常在墙面上用几幅带有抽象图案的挂件作为装饰并与室内设计的风格形成完美的结合。

第四，陈设要注意主次关系。室内陈设品种与数量较多，因此，在诸多陈设品中分出主要陈设与次要陈设，使主要陈设与其他构成室内环境因素的搭配能够形成空间的视觉中心，迫使其他陈设品处于辅助和次要地位，这样不易造成杂乱无章的空间效果，以加强空间的层次感。

3. 绿化

近年来，随着社会的发展，城市化进程的加快，高层建筑不断增加，生活在高楼大厦里的人们接触大自然的机会越来越少，加之现代生活的繁杂与喧嚣，追求绿色、自然的生活环境成为现代都市人对室内环境的迫切要求。室内绿化设计是一种具有生命象征的艺术形式，它不仅可以满足人们追求与崇尚自然的愿望，还能够改善室内的生态环境、美化生活，为人们提供健康、轻松、惬意的工作、学习环境。

(1) 绿化的作用

1) 净化空气、改善气候环境。

首先，在室内环境中，通过绿色植物可以有效地起到调节室内温度、湿度，净化室内空气的质量，改善室内空间小气候的作用，有利于人体的健康。人在呼吸过程中，吸入氧气，呼出二氧化碳，植物可以吸收空气中的二氧化碳，并释放氧气，从而使大气中氧和二氧化碳达到平衡，室内空气得以净化。其次，植物还具有良好的吸声作用，室内绿化能够降低噪声，如在靠近门窗的地方布置绿化，可以对噪声传入起到阻隔的作用。再次，有些植物如夹竹桃、梧桐、棕榈、大叶黄杨等还可吸收有害气体，有些植物的分泌物，如松、柏、悬铃木、茉莉、丁香等还具有杀灭细菌的作用，使空气清洁卫生；同时，植物还能吸收大气中的尘埃，从而使环境得以净化。据统计，居室绿化较好的家庭，室内可减少20%～60%的尘埃，使室内环境清新宜人。

2) 限定、分隔室内空间。

利用绿化作为分隔空间的方法是室内设计中常用的手法，它使不同空间相互沟通、相互渗透，使各部分既能保持各自的功能作用，又不失整体空间的开敞性和完整性。例如，在两厅室之间、厅室与走道之间或某些大的厅室内根据要求需再分隔成若干个厅室的小空间，常会采用此种简便、有效的分隔方法，诸如办公室、餐厅、旅店大堂、展厅等。此外，在某些空间或场地的交界线，如室内外之间、室内地坪高差交界处等，都可用绿化进行空间的分隔。室内绿化除了单独落地布置外，还可与家具、装饰物、灯具等室内陈设以及建筑结构结合设计，使其相得益彰，组成有机整体。例如，在有些餐饮空间中，把两餐桌间的隔断或柱廊之间的围栏与绿化植物相结合，形成生动的分隔形式(图 2.40)。

图 2.40　通过在餐桌之间摆放盆栽植物来分隔空间(摄影:张牧欣)

对于空间的重要部位，如出入口，运用绿化作为分割，能起到屏风的作用。分隔的方式大都采用地面分隔方式，如有条件，也可采用悬垂植物由上而下进行空间分隔。

3) 引导、联系空间。

室内绿化具有观赏的特点，能强烈吸引人们的注意力，并能达到巧妙地提示和引导的作用。例如，许多宾馆常利用绿化的延伸来联系室内外的空间，起到过渡和渗透作用，即通过连续的绿化布置，强化室内外空间的联系和统一。绿化布置的连续和延伸，如果想有意识地强化其突出、醒目的效果，通过视线的吸引，就起到了暗示和引导作用，特别在空间的转折、过渡、改变方向之处，更能发挥其整体效果(图 2.41)。

图 2.41　利用植物引导顾客并分隔空间(摄影:雷贵帅)

4) 强化空间的重点部位。

建筑大门入口处、楼梯进出口处、交通中心或转折处、走道尽端等，既是交通的要害和关节点，也是空间中的起始点、转折点、中心点、终结点等的重要视觉中心位置，是必须引起人们注意的位置。因此，常放置特别醒目的、富有装饰效果的、甚至名贵的植物或花卉，起到强化空间、突出重点的作用(图 2.42 和图 2.43)。

图 2.42　既起到美化环境的目的，又突出了楼梯的部位(摄影:李蔚青)

5) 美化环境、营造空间氛围、陶冶情操。

植物具有自然的形态、色彩、质地、气味，它以其特有的自然美为室内环境增添了生机与活力，极大地丰富和加强了室内

图 2.43 植物与景观小品结合形成空间的交通中心(摄影:陈思捷)

环境的表现力和感染力,使空间具有生命的气息和意境。例如,在许多酒店、宾馆、餐厅等空间中,常在内庭设置随不同季节而变化的各种植物,利用植物调节和改变室内环境的情调和气氛,令身置其中的人能充分与自然接近,享受其中的乐趣。

现代钢筋、混凝土的建筑给人以生硬、单调和距离感,为了弥补空间的这种缺陷,可以把植物引入至室内,让大自然的美融入建筑的内部环境中,通过色彩、形态、质感等方面的对比关系来柔化空间,改善环境的呆板与机械感,调节人的情绪和陶冶人的情操,创造出一种亲切宜人、充满生机生活环境。

(2) 室内绿化的布置方式

1) 点式布置。

点式布置是指绿化独立或组成单元集中的布置方式。这种形式常用于空间的中心或重要的位置,能够起到强化空间、吸引人的注意力的作用(图 2.44)。

图 2.44 点式设计,形成空间的中心(摄影:张牧欣)

2) 线式布置。

线式布置是指绿化以线的形式有序排列的设计方式。这种形式常作为空间的分隔与限定方法,一般采用多个花盆排列或置于花槽内或与家具、其他陈设结合设计,形成各种如曲线、直线、折线的韵律空间(图 2.45)。

图 2.45 线式布置,与隔断结合进行空间分割(摄影:彭雅娟)

3) 面式布置。

面式布置是指绿化经组合而成面的形式的设计方式。这种形式常通过植物独特的形态、色彩、质地等集中地设计,形成一种背景关系以起到丰富、衬托环境主体的作用。一般常用于较大空间或内庭中(图 2.46)。

图 2.46　面式布置,植物起到柔化空间的作用(摄影:陈思捷)

4) 综合式布置。

综合式布置是指把点、线、面有机结合构成的一种绿化方式,是应用较多的一种形式。这种绿化形式会形成植物的高低、大小、疏密等变化,能有效地丰富空间的层次,并产生一定的节奏与韵律的变化(图 2.47)。

图 2.47　综合式布置,各色的植物与小品结合使人感受到大自然的气息(摄影:彭雅娟)

4. 色彩

在室内设计中,色彩是人识别物体、识别空间个性特点最直观的表象因素。丰富的色彩变化,不仅能够起到装饰、渲染环境氛围的目的,还能对生理、心理效应起到有效的调节作用。例如,对情绪的调节,能激发或抑制人的情感;对空间环境调节,能形成整洁美好的环境,提高工作效率。色彩应用是不能孤立存在的,要从整体上结合空间功能、照明、材料、陈设、空间等各方面因素的要求进行综合考虑,运用正确的设计方法,最大程度地发挥色彩在室内环境中的效用。

(1) 室内色彩设计的要求

1) 要充分考虑空间功能要求。

室内空间不同的使用目的需要不同的色彩氛围来表达其空间的性格、特点。应对室内色彩进行具体分析,并考虑色彩给人带来的生理和心理的影响效果。例如,医院病房的环境,要选择尽量柔和的色彩,使环境显得干净整洁,更要给病人以安静、温馨、舒适的感受。在娱乐空间中,则应选择跳跃、对比强烈的色彩,以增加空间的动感和激发人的情绪。冷饮厅空间,一般采用高明度的冷色调,给人清爽、凉快的感受。在宴会厅,则多使用暖色或醒目的色彩,以突出喜庆、热烈的场面(图 2.48)。

2) 根据使用对象的特点设计色彩。

由于人们阅历、背景、文化程度、性别、性格、喜好、年龄等因素的不同,对色彩的要求有很大的差别。例如,一般儿童喜欢比较鲜亮的色彩,老人则比较喜欢纯度、明度相对较低且稳重的色彩(图 2.49 和图 2.50)。

3) 根据空间形式、尺度的不同进行色彩设计。

室内空间的形式、尺度与色彩关系是相辅相成的。一方面,由于空间的形式、尺度是先于色彩设计确定的,它是配色的基

图 2.48 带有图案的红色地毯渲染出热烈的气氛(摄影:彭雅娟)

图 2.49 色彩鲜亮的儿童房(摄影:李蔚青)

图 2.50 色彩稳重的成人或老人房(摄影:雷贵帅)

础;另一方面,色彩的物理、生理、心理效应可以在一定程度上改变空间的尺度与比例关系。例如,一个面积不大的空间,整体色调应尽量选择明度较高的色彩,以达到拓宽空间的目的。

4) 注意室内色彩的构图关系。

室内色彩的配置要处理好色彩的对比与协调关系,调整色彩的面积,确定环境的背景色、主体色、点缀色,使其更好的突出空间的主体。

5) 结合空间所处环境位置进行色彩设计。

色彩与环境有着密切的联系,空间环境的地理位置、气候条件、光照条件都会对其产生影响。例如,在我国南方由于天然有着丰富的背景色彩,因此多采用比较淡雅的色彩;而在北方,气候比较寒冷,多采用相对浓重的色彩。在同一地区,对于采光条件、朝向不同的空间也应有所区别,如朝阳的房间,可采用偏冷的色彩,背光、阴暗的房间则应采用偏暖的色彩。

6) 室内色彩设计与材料、光照密切结合。

应用不同的材质与光照可以表现出不同的色彩效果。室内设计在使用材料上,要尽量保持材料本身所具有的质色,它往往具有相当高的审美价值,容易使环境色彩更加清新自然、丰富多变。在光照上,要与室内整体气氛相一致,且要突出所选用色彩的特点与变化(图 2.51)。

图 2.51 自然、清新的木质材料与天然石材的应用使室内外环境融合统一(摄影:赵建勋)

(2) 室内色彩的设计方法

1) 色彩的调和、对比。

色彩的调和体现了统一,对比则体现了变化。室内色彩设计要遵循变化统一的原则,在统一中寻求变化,在变化中寻求统一。色彩的调和可以通过运用同类色或色彩的过渡使色彩之间保持一种有机的内在联系,相互呼应,避免色彩间孤立存在,要使室内色彩环境有节奏和层次,体现出色彩的调和美。室内常用的色彩对比关系有冷暖对比、明度对比、色相对比、纯度对比等几种。室内环境一般不宜大面积且过多颜色的强对比,以免破坏空间的整体性,应充分考虑室内各部分色彩的比例关系,仔细划分层次再行设计(图 2.52)。

图 2.52　在统一的色调中,进行蓝红色彩的对比,打破了沉闷的空间气氛(摄影:雷贵帅)

2) 色彩的构图。

① 区分室内环境色彩的层次关系,使其空间色彩主次分明、重点突出。它可分为背景色、主体色、点缀色。背景色是占室内空间面积最大的色彩,主要包括墙面、天棚、地面等色彩,它对其他室内物件起衬托作用。背景色是空间的主色调,应尽量采用调和的色彩,在背景色的衬托下,室内占统治地位的家具则成为主体色,它的色彩要注意与背景色彩格调的协调统一;点缀色是室内重点装饰和点缀的地方,其面积小但色彩较突出。

② 寻求色彩构图形式的稳定与平衡,主要表现在色彩的面积比例、位置关系、对比关系(冷暖对比、明度对比、色相对比、纯度对比等)等方面。例如,空间中上轻下重的色彩关系、大面积调和的色彩关系、弱对比的色彩关系易于给人以稳定与平衡感。

③ 色彩的节奏与韵律变化。通过色彩的重复、呼应、有规律的变化,可以引起视觉上的运动,从而获得审美上的节奏与韵律感。因此,在设计中要恰当地处理门、窗、柱及周围部件的色彩关系,有规律地配置室内环境中的家具与其他陈设物品的环境色彩,使其具有连续、渐变、交错与起伏的变化(图 2.53)。

图 2.53　交替出现的蓝色、红色和黄色的图案增加了空间节奏与韵律的色彩美感(摄影:李蔚青)

(3) 室内主要部分色彩的运用

1) 墙面。

墙面在室内空间中,所占面积较大,对室内的氛围营造起着支配的作用,设计时应根据房间的用途来确定色相、明度及用色的冷暖关系。一般来说,墙面颜色不宜过重,特殊空间当另特殊处理。

2) 天棚。

天棚多采用明度较高的色彩,以给以轻盈、开敞感,再结合室内照明,有利于增加室内通透和明亮感。但特殊场合应作不同处理,如舞厅、酒吧的天棚常采用深色或黑色作为色彩的装饰。

3) 地面。

地面一般采用明度、纯度相对较低的色彩,以形成空间的稳定感。但现在也常用一些明度较高的浅色,大多以木材、石材等材料色为主,甚至采用白色,给人以整洁、平净、开阔感。

4) 家具。

家具色应和总体色调相协调,并注意与墙面色彩的冷暖、色相、纯度、明度搭配关系,颜色不宜过多,避免显得空间色彩显得凌乱、不整体。浅色调的家具富有朝气;深色调的家具庄重;灰色调的家具典雅;多种颜色恰当组合则显得生动活泼。

5) 装饰陈设。

室内装饰陈设在环境中属于点缀的色彩关系,尽管面积较小,却起着重点和强调的作用,可适当使用对比性的色彩,以形成丰富的空间艺术效果。

5. 照明

随着当代建筑文化观念的更新,现代建筑的室内照明不仅仅是满足人视觉功能的需要,而且是美化环境必不可少的物质条件,既能表现出特有的文化性,又能体现出其独特的装饰意味和内涵。

(1) 照明的作用

1) 增加空间感和立体感。

空间的不同效果,可以通过光的作用充分表现出来。实验证明,室内空间的开敞性与光的亮度成正比,亮的房间感觉要大一些,暗的房间感觉要小一些,充满房间的无形的漫射光,也会使空间有无限的感觉,而直接光能加强物体的阴影,光与影相对比,亦能加强空间的立体感。

2) 分隔、限定空间。

利用光照所形成的光环境区域,来区分不同功能空间领域。常结合顶棚、地面的形式进行设计。例如,酒吧的吧台区,其顶部的照明一般结合吧台形式进行设计来起到突出和分隔空间的作用(图 2.54)。

图 2.54　酒吧空间(摄影:陈思捷)

3) 明确空间导向。

利用灯具整齐的排列或光带的形式起到指引和导向的作用,使身在其中的人能够自然而然地顺着光亮引导的方向行走。常见于走廊或走道空间(图 2.55 和图 2.56)。

图 2.55　地面与天棚相结合的照明增强了空间进深感,起到明显的引导作用(摄影:张牧欣)

图 2.56　利用光带形成明确的空间导向(摄影:胡男兮)

4) 强调重点、突出中心。

由于人的注意力总是本能地被那些明暗对比较强的部位吸引,因此,在室内设计中,常利用光照强弱的对比来突出空间的重点于中心,削弱环境中的次要部位或不想被引起注意的部位。例如,商业环境,通常采用亮度较高的照明形式突出特色商品。博物馆空间,一般基础照明通常不是很亮,而在展品区域则安装重点照明设施,既突出展品,又便于游客观赏(图 2.57)。

图 2.57　除展品外,其余空间均采用了较暗的照明,起到强化与突出展品的作用(摄影:胡男兮)

5) 渲染空间氛围。

在室内设计中,光源不同的亮度与颜色是构成空间环境氛围的主要因素,室内环境的气氛亦会因其改变而变化。如亮光给人以明快、响亮之感,而暗光给人以温馨、神秘、宁静的感受。暖色光表现温馨、愉悦、华丽的气氛,冷色光表现出宁静、清爽、高雅的格调。例如,餐厅、咖啡馆、娱乐场、所为了表达空间的温暖、欢乐、活跃的气氛,常常使用暖色光,如粉色,浅红色等(图 2.58)。

图 2.58　暖红色的光为空间创造了温馨浪漫的情调(摄影:胡男兮)

灯具造型的变化不仅能起到美化环境的作用,更能为气氛的营造起到画龙点睛的作用。例如,水晶吊灯的使用会使空间

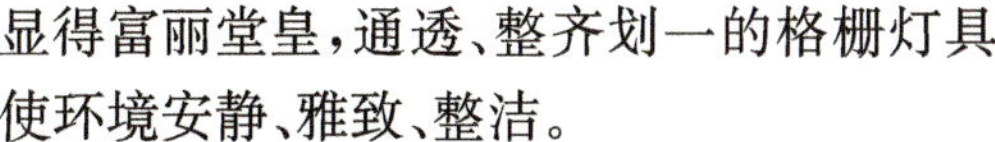

显得富丽堂皇，通透、整齐划一的格栅灯具使环境安静、雅致、整洁。

(2) 照明的方式

1) 直接照明。

直接照明是指 90%～100%的光线直接投射在工作面。这种照明方式的亮度较高且集中，能够形成强烈的明暗对比与生动的光影效果，但由于亮度较高，应防止眩光的产生。常用于室内的基础照明、大空间照明或局部照明。

2) 半直接照明。

半直接照明是指 60%～90%以上的光线直接投射在工作面，其中 10%～40%使之向上漫射，其光线比较柔和。这种灯具常用于层高较低房间的一般照明。由于漫射光线能照亮平顶，使房间顶部显得高度增加，因而能产生较高的空间感。

3) 间接照明。

间接照明是指将光源遮蔽而产生的间接照明方式，其中 90%～100%的光线射向天棚或墙面再经反射照到工作面上，10%以下的光线则直接照射工作面上。光线柔和而均匀，不刺眼。间接照明紧贴顶棚，几乎可以形成无阴影的效果，是最理想的整体照明形式。但单独使用，会使空间平淡、缺少变化，通常要与其他照明方式配合使用，才能取得特殊的艺术效果。

4) 半间接照明。

半间接照明是指 60%～90%以上的光线射向天棚或墙面，形成间接光源，10%～40%的光线直接投射到工作面。间接光源有利于柔化阴影和改善亮度对比。适用于住宅中的小空间部分，如门厅、过道，以及阅读和学习环境。

5) 漫射照明方式。

漫射照明方式是利用灯具的折射功能来控制眩光，使光线向四周扩散漫散。这种照明形式光线柔和、视觉舒适，但光的亮度较差，适用于卧室等休憩空间。

(3) 照明布局

1) 基础照明。

基础照明是指在大空间内使用的全面、整体的照明布局形式，主要是为了满足人们的基本视觉功能要求。一般选用比较均匀的、全面性的照明灯具。

2) 重点照明。

重点照明是指对主要空间、对象或者是为了某种特殊艺术效果而进行的重点投光。例如，商场的橱窗、展示空间展台的照明都是采用这种布局形式，能有效起到吸引观看者注意力的作用。重点照明的亮度、照射方向、位置要根据物品种类、形状、大小以及展览方式等确定。例如，要突出某物品外轮廓的剪影形式，可以从其后面投光；要强调其立体感、空间感，可从侧面投光。

3) 装饰照明。

为了更好地美化与装饰空间环境，有效地增加空间层次和营造环境气氛，常采用装饰照明。一般使用装饰吊灯、壁灯、挂灯等款式统一的系列灯具。这样可以使室内繁而不乱，并渲染出室内环境气氛，更好地表现具有强烈个性的艺术空间。值得注意的是装饰照明只能是以装饰为目的独立照明，不能兼作基本照明或重点照明。

6. 材质

装饰材料是实现室内设计的物质基础，是实现设计实质性成果的重要环节，它直接影响到空间的实用性、经济性及环境气氛的美观与否。设计者应熟悉不同材料的质地、性能特点，了解材料的价格和施工操作的工艺要求，善于和精于运用现代先进的物质技术手段，为设计构思的实现提供坚实的基础。

(1) 材料的装饰特性

1) 颜色:材料的颜色丰富多彩,是装饰特性最直接的反映,它不仅标志了材料的个性语言,同时给人以直观的视觉冲击力。材料表面的颜色取决于三个方面:①材料的光谱反射;②观看时射于材料上光线的光谱组成;③观看者眼睛的光谱敏感性。

2) 光泽:许多经过加工后的材料会呈现出一种光泽的特性。如不锈钢、磨光的花岗岩、大理石或瓷砖等。光泽度较好的材料给人以整洁、明亮的感受,有效利用它们的特性还能有扩大空间的视觉效果。但应注意的是,当大面积使用光泽度较高的材料时,要避免其表面的折射光线给人们视觉造成不良的影响,应适当结合非反射类材料的应用。

3) 质感:材料所表现出来的特性给人带来的心理感受。例如,抛光平整的石材给人以坚固、凝重感;纹理清晰的木质、竹质材料给人以亲切、柔和、温暖之感;毛石的质地给人以粗犷、豪放感;反射性较强的金属质地给人以冷漠、高贵和时代感;织物如毛麻、丝绒、锦缎与皮革等质地给人以柔软、舒适、华丽之感。在室内设计中,应很好运用材料的相关特性,根据不同使用目的来进行材料的选择,如卧室地面材料应选择亲切、温馨的木质地板。在公共场所则应选择大气、坚硬耐磨易清洗的石材地板。

4) 肌理:材料本身的肌体形态和表面的纹理,反映了材料表面的形态特征,是质感的形式要素,使材料的质感体现得更具体、形象。例如,剁斧石表面带有凹凸的纹理,花岗岩、大理石带有各种天然的花纹肌理。材料的这种特性大大增强了室内环境的装饰效果。

5) 图案:材料经加工后其表面的纹理花式。例如,墙壁纸、窗帘、带有图案的瓷砖等。一般常用在空间环境中心和需要突出的位置。例如,在大空间的入口或大堂中心,地面常应用拼花材料,不仅起到了装饰环境的作用,还突出了空间的重点,或为了柔化与渲染空间氛围而使用这种带有图案的材料。在卧室中,带有各色碎花图案的织物应用,能够令人感到环境的清新、宜人与舒适(图 2.59 和图 2.60)。

图 2.59 简洁的图案拼花强化了空间的入口部位(摄影:张牧欣)

图 2.60 使人感到温馨舒适的室内空间环境(摄影:胡男兮)

(2) 室内材料的运用

第一，适应室内使用空间的功能性质

对于不同功能性质的室内空间，需要由相应类别的装饰材料来烘托室内的环境氛围，如文教、办公建筑的宁静、严肃气氛，常选用质感坚硬而表面光滑的材料，如大理石、花岗石。娱乐场所为了体现欢乐、愉悦的气氛，一般选用色彩艳丽，以给人刺激色调和质感的装饰材料为宜。卧室宜淡雅明亮还应避免强烈反光，其墙面多常采用壁纸、墙布等装饰。

第二，符合建筑不同装饰部位要求的特点。

不同的界面，相应地对装饰材料的物理、化学性能，观感等要求也各不相同。如天棚的选材要考虑到质轻、隔音、吸声、防火、保温、耐热等要求，而地面作为室内活动和家具的承载基面，则要考虑其耐磨、防滑、易清洁、防静电等性能。

第三，满足建筑的等级标准要求。

装饰材料的选择应考虑建筑物的等级标准。例如，宾馆和饭店的建设有三星、四星、五星等级别，要不同程度地显示其内部装饰的豪华、富丽堂皇甚至于珠光宝气的奢侈气氛，对采用的装饰材料也应分别对待。例如，地面装饰，较高级的建筑空间可选用全毛地毯，中级的建筑空间可选用化纤地毯或高级木地板等。

第四，符合更新、时尚的发展需要。

由于现代室内设计具有动态发展的特点，设计装修后的室内环境通常并非是“一劳永逸”的，而是需要更新的。原有的装饰材料需要由无污染、质地和性能更好的、更为新颖美观的装饰材料来取代。此时材料的选用也不是越名贵越好，要遵循“精心设计、巧于用材、优材精用、通材新用”的设计原则。

2.3.3　空间的类型

1. 结构空间

任何室内空间都由一定的承重构件所组成，这些结构构件体现了时代科技的发展进程，通过对这些暴露式结构的处理，能达到结构与室内内在审美的完美结合，让人们充分地欣赏领悟结构构思及建造技艺所构成的空间环境的美。这种设计充分利用暴露的结构，突出体现结构的时代感、力度感、科技感，真实反映空间的特性，具有较强艺术的表现力和感染力，目前已成为现代空间艺术审美趣味中一种重要表现形式(图 2.61)。

图 2.61　结构空间(摄影:张牧欣)

2. 共享空间

一般是在较大型的公共空间中设置的中心空间，其高大和开敞对其他空间起到了一种连接、交通枢纽的作用，空间强调流动性、渗透性与交融性。其内部常设有多种设施并存。例如，休息设施、服务设施等，是综合性、多用途的灵活空间。在空间景观处理上，注意相互交错、内中有外、外中有内，常把室外一些自然景象引入到室内中来，如假山、流水、绿色的植物等，整体空间富有动感、情趣，极大的满足了现代人的物质和精神的需求(图 2.62)。

图 2.62　共享空间(摄影:雷贵帅)

3. 母子空间

母子空间是空间二次分割形成的大空间中包容小空间的结构,它主要通过一些实体性或虚拟象征性的手法再次限定空间,形成楼中楼、屋中屋的空间格局。既满足了功能要求,又丰富了空间的层次。子空间往往都是有序的排列而形成一种有规律节奏的空间形式,使得空间使用者既能保证相对独立性与私密性,又能方便地与群体中的大空间沟通(图 2.63)。

图 2.63　母子空间(摄影:陈思捷)

4. 开敞空间

开敞空间是一种外向性的空间形式,其限定性和私密性较弱,兼有公共性与开放性的特点。在空间感上,开敞空间是流动的、渗透的。通常更多的是借助室内外景观扩大视野,强调与周围环境的交融,并有一定的趣味性。在功能使用上灵活性较强,能根据功能需求的变化来改变室内格局;在心理效果上,表现为开朗、活跃、有接纳性的特点(图 2.64)。

图 2.64　开敞空间(摄影:陈思捷)

5. 封闭空间

封闭空间是利用明确的围护实体包围起来的空间,与其他空间相比较在视觉上、听觉上、空间上有很小的连续性,隔离性较强;在景观关系上和空间性格上,封闭空间具有内向性和拒绝性的特点,有较强的私密感和领域感;在心理上,给人以安静、严肃和安全感。长时间在这种空间中会给人闭塞、枯燥的感受。为了调节空间氛围通常可采用人工景窗、大幅场景挂画、镜面等设计手法来扩大空间和增加空间的层次感(图 2.65)。

图 2.65　封闭空间(摄影:雷贵帅)

6. 动态空间

所谓动态空间，是指从心里与视觉上给人以动态的感受。空间形态上，往往具有空间的开敞性和视觉的导向性特点，空间组织灵活多变；在界面组织上，具有连续性与节奏感，常利用对比强烈的色彩、图案以及富有动感的线性作为装饰元素；在空间氛围的营造上，常把室外流动的溪水、瀑布、富有生机的花木、阳光乃至动物引入环境中来；同时，还可以借助交错的人流、生动的背景音乐、闪动的灯光影像等来表现空间的动态感受；在设施的设置上，常利用机械化、电气化、自动化的设备如电梯、自动扶梯、旋转地面、活动展台、信息展示等形成丰富的空间动势（图 2.66 和图 2.67）。

图 2.67　利用光影的变化使空间产生动态感（摄影：陈思捷）

图 2.66　动态空间，新加坡圣淘沙地铁站中蜿蜒的顶棚产生了强烈的动态感（摄影：李蔚青）

图 2.68　静态空间（摄影：吴豪）

7. 静态空间

静态空间是相对于动态空间而言的，一般来说静态空间形式比较稳定，构成较单一，常以对称、向心、离心等构成手法进行设计，达到一种静态平衡；空间的限定性较强，趋于封闭型。多为尽端空间，即空间序列的终端，私密性强。因此，不易受其他空间的干扰和影响；空间比例设计适中，色彩淡雅、光线柔和、造型简洁，没有过多复杂与视觉冲击力较强的造型元素（图 2.68）。

8. 虚拟空间

虚拟空间主要是依靠观者的联想和心理感受来划定的一种空间形式，也称“心理空间”。这种空间没有明确的隔离形态，限定感较弱，它往往存在于母空间中，既与母空间相互流通而又具有相对独立性和领域感。虚拟空间常借助各种隔断、家具、陈设、水体、绿化、照明以及不同色彩、材质、高低差等作为设计元素进行空间的限定（图 2.69）。

图 2.69　虚拟空间(摄影:党渤)

9. 悬浮空间

在较大、较高的空间中,其垂直方向上采用悬吊、悬挑或用梁在空中架起一个小空间,给人一种“悬浮”感。悬浮空间由于底面没有支撑结构,因此可以保持视觉的通透完整,使低层空间的利用更为灵活。空间形式感也更加别致和与众不同,具有一定的趣味性(图 2.70)。

图 2.70　悬浮空间(摄影:李蔚青)

2.3.4　空间的分隔

在室内空间环境设计中,要想满足使用者对不同空间、不同区域的功能要求,满足人们对艺术和审美的要求,空间的分隔在其中起着不可或缺的作用。各类建筑及空间都有其自身的功能特点,在进行室内空间的分隔时,要符合其自身规律和要求,并选择适当的分隔方式。

1. 空间分隔的类型

(1) 绝对分隔

绝对分隔是指空间中承重墙到顶的隔墙等限定性的实体界面来分隔的空间。其特点是:空间界限非常明确,具有强烈的封闭感,其隔音性、视线的阻隔性良好,抗干扰能力强,保证空间的独立性与私密性,能够创造出安静宜人的环境。但由于界面的完全阻隔,使空间缺少流动性与连续性。一般情况下,绝对分隔常用于居住建筑、教学建筑、办公建筑等建筑空间。

(2) 局部分隔

局部分隔是指利用限定性相对较低的片断性界面来划分空间,如屏风、家具、矮墙等。其特点是:空间限定感较弱,但流动性、联系性较强,空间不同区域之间能良好地融会贯通,有利于空间的布置形式丰富多变。但这种分割决定了空间在隔音性、视线通透、私密性等方面较弱。局部分隔常见的分割形式有,独立面垂直分隔、平行面垂直分隔、L 形面垂直分隔、U 垂直面分隔等。无论在大空间还是小空间此种分隔手法都会被经常使用。如在餐饮环境的大厅空间中,为了避免用餐者相互干扰,保持相对的私密性,通常会采用一些装饰隔断进行空间的划分(图 2.71 和图 2.72)。

图 2.71　独立垂直面分割(摄影:李蔚青)

图 2.72 利用平行垂直面分割(摄影:赵建勋)

(3) 弹性分隔

弹性分隔是指利用一些拼装式、折叠式、推拉等隔断、屏风、幕帘、家具、陈设等分隔空间。其特点是:可根据使用功能的要求随时移动或启闭,空间的形式可自由机动地调整。弹性分隔多用于临时性、短暂性、小范围的空间使用上。

(4) 象征分隔

象征分隔是指利用灯光、色彩、材质、栏杆、水体、绿化、悬垂物、高差等分隔空间。其特点是:它是一种限定性极低的分隔方式,界面模糊,主要通过联想和视觉的完型来界定空间。空间流动性极强,易于产生丰富的空间层次变化。无论是在大空间还是小空间中,象征分隔的方式都是适宜的(图 2.73)。

图 2.73 通过地面材质、色彩的差异分隔出服务区和休息区(摄影:吴豪)

2. 空间分隔的元素

(1) 建筑构件

利用地面、天花、墙面等界面以及柱子、拱券、楼梯等建筑构件作为分隔空间的元素,这是一种最基本的空间分隔方式。

(2) 装饰隔断

利用各种装饰隔断分隔空间,如装饰架、屏风、活动隔断等作为分隔空间的元素。此种元素的应用能够形成一定的围合空间,并具有相对的领域感和私密性。

(3) 色彩、材质

利用色彩和材质的差别作为分隔空间的元素,此种元素的应用有利于丰富室内环境的色彩关系、肌理变化。如较大的接待大厅,一般会有前台咨询和休息区等功能要求。前台咨询空间地面通常选用大理石、花岗岩等耐磨度较高的材质,休息空间通常选用木质地板或柔软的、带有装饰图案的地毯,使空间既有明确的分区,又自然舒适地满足了各区域的功能要求。

(4) 灯光照明

利用灯具及其布置形成一定光环境区域作为空间分隔的元素,亦能有效的对空间进行分隔。光环境区域一般结合顶棚的形式,地面的功能分区来进行布置。

(5) 水体及绿化

利用人工设置的水面或绿化为元素分隔空间,具有生动、自然、美化环境的作用和扩大空间的效果。水体一般和绿化结合使用,可以是静态的,也可是动态的;绿化可单独使用也可以综合使用作为分隔的元素。此种设计能够更好地满足人们亲近自然的心理及审美需求。

(6) 家具、陈设

利用家具、陈设作为分隔空间的元素。这是一种简单、灵活、机动的设计方法。如在较大型的办公空间中,常运用办公桌的围合把大空间分隔成若干个小空间的形式。在一些休闲空间里,也常用一些悬垂的织物来进行空间的分隔,灵巧生动。

(7) 界面高差

利用界面的高低或凹凸变化作为分隔空间的元素,具有突出重点、强化中心及突出展示性的效果。如在展示空间里,为了更好的突出展品,通常会设计一个高出地面的展台区域来衬托展品;在娱乐环境的空间里,通常会设计一个地台式空间作为舞台区,或设计一个低于地面的凹形空间作为舞池区。

2.3.5 空间界面的处理

室内空间主要由各种界面围合而成的,即底面(楼、地面)、侧面(墙面、隔断)和顶面(天棚)。各界面的大小和形状直接影响室内空间的体量,各界面的艺术视觉效果和各界面之间的关系对室内整体设计影响很大。

对于室内界面的设计,不仅有造型和美观的要求,还要注意功能技术的要求。作为材料实体的界面,存在其形式和色彩设计、材质的选用和构造等问题;而且,对于现代室内环境的界面设计还需要与房屋室内的设施、设备予以周密全面的协调考虑。例如,界面与风管尺寸及出、回风口的位置关系;界面与嵌入灯具或灯槽设置的关系以及界面与消防喷淋、报警、通信、音响、监控等设施接口的关系也极需重视。

1. 界面的设计要求

(1) 根据空间功能、性质的不同,进行界面的设计

室内空间界面的设计要与建筑的特定功能要求相协调。功能、性质不同的空间其界面设计也有所不同。界面设计的特点与空间的功能性质是有机联系的,不可简单割裂。如办公空间的界面设计,要充分考虑到办公的性质。为了创造一个高效、舒适的工作环境,其色彩一般比较淡雅,不宜过于鲜明、浓重;装饰造型要简洁,不宜过于复杂多样。因为对于上班族而言相当一部分时间都会在办公空间里度过,如在色彩浓重、装饰复杂的界面空间久呆会使人感到心浮气躁,降低办公效率;而对娱乐性质的空间,其界面设计恰恰要追求色彩对比鲜明和图案、装饰造型的变化多样。因为,这是一个人们工作之余的休闲、娱乐、放松场所,各种色彩、造型、图案、灯光的变化能够激发人的情趣和活力,使都市中紧张工作人们的身心能暂时的得以自我发泄和释放。

(2) 空间使用对象不同,其界面的装饰设计有所不同

人是环境中的主体,是设计的出发点和归宿点。我们对空间进行装饰的目的是要满足人们的物质和心理需求,所以,室内界面设计就要注意使用对象的审美变化。由于使用者存在着年龄、性别、职业、兴趣爱好、文化背景等个体差异。因此,界面的设计也应有不同的个性特征。如居住建筑室内设计中,老人居室、成人居室、儿童居室等不同空间,在设计时要根据不同类别

人的年龄与个性特征，有针对性地采取不同的设计手法，营造出或稳重老成或天真童趣的室内氛围，以塑造出适合使用者的个性空间。

（3）界面的设计风格要统一，注重环境的整体性

室内空间是一个有机整体，各个界面的装饰设计直接影响到整体室内环境的效果。因此，对个体界面进行设计时必须通盘考虑在保证整体效果的前提下，适度的予以个性化的界面处理。个性化的表达要统一在整体的风格范围内，在总体艺术效果协调的基础上创造出富有个性特点的环境气氛，做到在统一中求变化，在变化中求统一。风格的统一与变化往往是通过色彩、材质、装饰形式、灯光等方面来体现的。

（4）界面设计的安全性、舒适性、健康性

界面设计中，材料的应用是至关重要的。随着新技术的发展，新材料也不断地在更新和改变，其性能、舒适性不断增强。但其中也存在着不少问题，如有些材料可能会散发有毒气体，给使用者带来了安全隐患。对于材料的应用我们可以从这样几个方面的问题来考虑。首先，要注意界面材料的耐燃及防火性能。现代室内装饰应尽量采用不燃及阻燃性材料，避免采用燃烧时会释放大量浓烟及有毒气体的材料；其次，要注意材料要无毒、无害，其有害物质要低于核定剂量；同时，还要注意材料必要的隔热保暖、隔声吸声等性能。

界面设计还要注意到与技术性的因素相互配合，不能忽视构造技术的安全性而一味地追求装饰形式的变化。要加强装饰性因素与技术性因素的结合，充分考虑构造的安全、施工的便利等问题。

（5）界面设计的经济性、科学性

创造一个高品质的室内空间环境，并不一定要以奢华为代价，在设计中经济性、科学性是我们要把握的一个原则。界面装饰的标准有高低，但无论什么标准的界面我们都要考虑以最少的投入、最科学的资源利用营造出最好的环境效果。如对材料的使用，我们要考虑其耐久性及使用期限，频繁的更换，会增加其费用的支出；考虑是否能够采用可循环利用的材料，达到资源的合理运用；在有地方材料的地区，考虑是否可选用当地的地方材料，以减少运输，降低成本和造价。

2. 界面的设计特点

（1）天棚

天棚是室内空间中的上部界面，它对覆盖之下的物体起到遮盖作用，同时提供物质和心理的保护。

天棚的设计要点：

第一，天棚界面具有一定的高度，它直接限定了墙面的高度，决定了空间的纵向延伸度，天棚高度的变化会形成空间或开阔高耸、或亲切宜人、或沉闷压抑的感受。因此，天棚高度的确定要注意与空间的平面面积、墙面长度等因素保持一种协调的比例关系。在室内设计中，还可以充分的利用天棚的局部高低变化，进行空间的限定，丰富空间的层次。

第二，天棚的造型要注意应具有轻快感，形式力求简洁、明快、构图稳定大方，色彩不易太过浓重，避免过于沉重复杂的装饰使空间具有下坠与压抑感。当然对于一些特殊空间要个别对待(图 2.74)。

第三，天棚的结构要满足安全要求，构造合理可靠。选材要考虑到质轻、隔声、吸声、防火、保温、隔热等性能。

第四，天棚处理除造型优美外，在功能和技术上还必须综合考虑空间的照明、通风、空调、音响、智能监控、消防等因素，从而实现对天棚合理的装饰处理。

图 2.74 天棚采用重色，创造夜晚天空的感受（摄影：陈思捷）

（2）地面

地面是空间中的基础要素，是室内各种活动和家具的承载界面，其表面必须坚固耐久，足以经受持久的磨损和使用。在注意地面材料性能的同时还必须考虑地面的质感、色彩、图案的装饰效果，把其功能性与审美性有机的结合起来。

地面设计注意要点：

第一，地面材质是否能够满足使用的要求，这是基本的因素，要根据空间的性质要求来选择地面的铺装材料。一般来说，在人流量较大的公共空间，地面应采用耐磨度较高的材料，如大理石、花岗岩等。对一些人流量较少、相对私密的空间，可铺置一些具有亲和力的材质，如在办公室、卧室等空间采用木质地板；同时，还要根据环境的需要考虑吸声、保温、保暖及防滑等功能要求。

第二，地面的设计要和整体环境统一协调。从地面与其他界面的关系来看，地面的划分与天棚的组织有一定的联系，其图案或拼花的形式要与天棚的造型，甚至是墙面的造型存在某些呼应关系，或者在“符号”的使用上有其共享或延续关系，也可通过地面与其他界面之间适当的材料“互借”来加强空间的视觉联系。地面的设计还要和环境风格相一致，如体现质朴、田园的风格或高贵、华丽的风格，在色彩、图案、材质的选择上要符合其整体风格的个性特点（图 2.75）。

图 2.75 地面与天棚的设计取得了良好的呼应关系（摄影：赵建勋）

第三，图案的构成与色彩关系是地面装饰的重要组成部分。图案的设计应遵循强调图案本身的独立完整性的原则，如在大堂中心、大型会议室中心的地面通常采用一些比较规整、饱满的图形，使其具有内敛感，这样易于形成视觉中心（图 2.76）。此外，还要遵循图案的连续性、变化性和韵律感，图案的抽象性、自由多变性等原则（图 2.77）。地面的色彩要根据空间环境的氛围、空间的尺度等方面的因素来选择，不同色彩的地面有不同的性格特征。浅色地面会增强室内空间环境的照度，给人以开敞明亮的感受；而深色地面会吸收部分光线，使空间产生收缩感，但也会给人以庄重和稳定感。

图2.76 具有向心形式的拼花图案突出了空间的重点(摄影:党渤)

图2.77 简洁的几何图案与天棚复杂的装饰形成对比(摄影:李蔚青)

(3) 墙面

墙面是建筑的立面结构，它不仅可以作为建筑承重构件，还可为室内空间提供围护与遮挡的作用。由于墙面的面积是空间中最大的界面，因此墙面的设计对室内空间的整体装饰效果有着十分重要的影响，通过墙面形态、色彩、光影、质地的变化，更能体现室内个性特点和烘托环境氛围。

墙面设计的要点：

第一，门、窗、柱等是墙面的重要组成部分。就某种程度上而言，它们决定了墙面的形式、尺度以及虚实等的变化。因此，在墙面设计中，要综合地考虑这些因素，以便使空间功能与室内的装饰效果得以更好完善。

第二，室内环境物理性能的优劣关系到空间使用的效果。根据空间功能性质的不同，需要处理其隔声，吸声、保暖、隔热、防火、防潮等方面的问题。如：在轻质墙体的空腔内填置岩棉，既能增强其隔音效果，又具有保暖、防火的功能；在防火要求较高的环境中，须尽量减少使用海绵、布艺等易燃材料，同时对木质材料的使用面积也要控制在一定的比例之内。

第三，设计与组织，主要包括墙面的造型变化、材质、灯光、色彩等方面的应用。一般情况下，规整、秩序的墙面给人以简洁、宁静的感受；凹凸起伏、不规整的墙面形式给人以节奏、韵律的动感(图2.78)；虚拟、通透的墙面造型，给人以空间的连续和延展性的感受。对于材质、光影、色彩的运用则应根据墙面造型的特点、环境氛围营造的需求来综合处理(图2.79)。

图2.78 错落起伏的墙面具有节奏韵律的动感(摄影:张娟)

图 2.79　具有异域风情的墙面体现出空间的特色(摄影:胡男兮)

第四节　室外空间环境设计基础

2.4.1　室外环境的概念

室外环境具有十分广泛的含义,它包含自然环境和人工环境。自然环境表现出一种空间无限的伸展感,其界限、范围、尺度很难确定。日本著名建筑设计师卢原义信在《外部空间设计》一书曾指出:外部空间的产生是从人们在自然当中限定自然开始的,是从自然框框所划定的空间,它与无限伸展的自然不同,是由人创造的有目的的外部环境,是比自然更有意义的空间。例如,旷野中的一棵参天大树只是大自然的美丽所致,而广场上的绿荫设计则为人们创造出了适合于聚集交流、遮阳休息的外部空间。

因此,我们这里讲的室外环境主要是相对于室内环境而言的,主要指的是建筑的外部环境,是建筑周围和建筑与建筑之间的环境,是以建筑构筑空间的方式从人的周围环境中进一步界定而形成空间意义上的环境,与建筑室内环境同是人类最基本的生存活动环境。例如,广场、街道、公园、庭院、绿地等环境的设计都是为满足人们日常的活动而设置的相应环境,整个城市环境就是一系列建筑外环境的集合。在此环境中还须有其他的要素,如水体、绿化、公共设施等,它们共同构成了室外环境的基本组成部分。

2.4.2　室外环境设计的主要构成要素

1. 道路

道路把人与环境联系起来,使人们能便捷地从一个环境到达另一个环境。它构成的交通与活动环境,是室外环境设计中的主要内容。

(1) 道路的容量

道路的容量主要指道路的宽度,道路的宽度是否合适取决于它与所承载的人、车的流量是否匹配。例如,宽 60cm 的石子路适于一个人通过,2m 左右的道路可容纳一位男子与推着婴儿车的人擦身而过。

(2) 道路的形态

道路的形态主要有直线与曲线之分。直线行进的距离最短,可以使人们能够方便快捷地到达目的地,也符合人们喜欢走捷径的心理。例如,剧院与停车场、公交车站与办公楼的道路应尽量设计为直线,以利于人流车流快速的行进。但在有些环境中,却需要设置曲线形态的道路。例如,居住区中一般采用弯曲的蛇形道路设计,以阻碍车辆的快速行驶,避免给居民带来安全的隐患。在园林或公园中,为了便于游人能够充分欣赏景物,常分布着许多自然曲线的小径,给游人带来步移景异的感觉,构成生动、雅致、和谐的休闲环境。

(3) 道路的铺装

道路的铺装材料应考虑到适用性、维护便捷、耐磨、防滑、视觉效果等因素。常用的材料有混凝土、石材、沥青、鹅卵石、木材及综合材料等。各种材料有其不同的特点与适用范围,设计时要根据路面不同的使用功能及周边环境的不同来灵活搭配使用。一般车流量较大的街道应以易于修复、耐磨性好的沥青、混凝土铺装为主(图 2.80)。以人流为主的商业街道可以采用大理石及花岗岩等材料铺地。在休闲环境中,可以采用碎石、鹅卵石等材料,营造亲切、自然,富于人情味的空间(图 2.81)。

图 2.80 城市主干道(摄影:彭雅娟)

图 2.81 园林小径(摄影:吴豪)

道路中不同的铺装材料对人与车的行为具有暗示作用。如沥青、混凝土路面提示车辆快速行驶,而经过砾石路面则需减速慢行。路面上还常会配套设计一些标识引导人与车的行动,增添了空间的趣味性。

选择材料时还要注意其色彩、图案的变化,它是体现环境美感的重要因素。以通行为主的路面色彩宜淡雅,图案简洁,不宜有过多的修饰。在休闲娱乐广场、商业步行街和小区内则可选用色彩相对跳跃、图案相对丰富的材质,以增强空间的活力(图 2.82 和图 2.83)。

图 2.82 鱼型图案的小区道路设计增添了环境空间的情趣性

图 2.83 铺装成星形的广场

2. 场地

场地是对建筑外环境中所有“面”状基面的总称,是供人们聚集、停留在室外环境中进行各种活动的场所，它是构成室外环境最重要的元素之一。

（1）城市广场

城市广场是城市形态中的节点，一般位于城市的重要位置，通常由周边建筑围合而成。它是公众特定行为的集中地、道路的交汇点及城市结构的转换处。其形态、艺术、文化特征往往能够成为城市形象与特色的代表。例如：威尼斯圣马可广场、罗马圣彼得广场、比萨广场、北京天安门广场、上海人民广场、哈尔滨索菲亚建筑艺术广场等（图 2.84）。

图 2.84　罗马圣彼得广场

（2）城市道路派生场地

城市道路派生场地是城市道路与建筑领域之间增设的必不可少的缓冲空间。其面积一般不大，形式灵活多样，可以是建筑局部退后而形成的广场，也可以是街角节点广场。它为行人提供了停留、活动、休息的场所（图 2.85）。

图 2.85　建筑与道路间的小广场（摄影：雷贵帅）

（3）区域内部场地

区域内部场地是指具有独立领域的一些单体建筑周围的场地或其内院。这类场地一般相对独立，常用围墙、花坛或不同材质的铺地以达到区分空间领域的作用。例如，学校的中心广场、运动场、住宅的庭院等。

3. 水体

水是人们生活环境中不可缺少的一部分，现代城市尽可能多地创造亲水环境使人们从观水与戏水中获得不同的感受。波光粼粼的湖面、潺潺的溪水给人以宁静、温馨、自然的感受；飞溅的瀑布、喷泉给人以激情和动感。水还可以降低并减少空气中的温度和尘埃，增加空气的湿度。因此，水在环境中的应用不仅能够满足人们生理、心理需求，还能美化环境，改善城市面貌，提高城市综合环境的质量。

（1）喷泉

喷泉是城市环境应用较为广泛的景观形式。它以其立体、动态的形象成为环境中的视觉焦点。在外环境中，常用喷泉来组织空间，用其丰富而富有动感的形象来烘托和调节整体环境氛围。一般设置在广场、公园、商厦、居住区的公共空间中。喷泉常与水池、雕塑、植物、山石等景观结合配置，能取得较好的视觉效果。近年来，随着科技的发展，出现了音乐喷泉、时钟喷泉、变换图案的喷泉等（图 2.86 和图 2.87）。

（2）瀑布

瀑布本是一种自然景观，极具动感和磅礴的气势，在现代环境中常借用自然瀑布的形象构成人工瀑布。它的形式多种多样，有泪落、线落、布落、丝落、段落、对落、二层落、帘落等形式。人工瀑布中的水落石的形式和水流的速度决定了瀑布的姿态，水自高处泻下，击石喷溅，使环境产生了丰富的变化，传达出特有的情感（图 2.88）。

图 2.86　喷泉与水池、花坛景观的完美结合（摄影：彭雅娟）

图 2.87　旱喷泉弱化了水体与陆地人的界限（摄影：吴豪）

图 2.88　仿自然形态的瀑布（摄影：彭雅娟）

（3）水池

水池是最为常见的理水形式之一。它具有平和、宁静的特点，加之周围的建筑、树木、雕塑相配，倒影交错，使人心旷神怡、浮想联翩。水池一般分布在广场、园林、庭院的中央，或大型建筑前后的公共空间中，并配以水生植物及游鱼嬉戏，能够演绎出如画一样的意境（图 2.89）。

图 2.89　水中的倒影更好地映射出环境的意境（摄影：陈思捷）

4. 绿化

绿化是城市景观最基本的环境要素。它不仅能丰富环境的色彩、美化环境、寄托人的情感，还能净化空气、降尘消噪、遮荫蔽日，还是组织环境空间重要的手段。绿化主要分为树木、草地、花卉等三大类。

（1）树木

树木可分为乔木、灌木、藤木等。它们各有其不同的形态和特征，因此要根据环境的需求来选择不同品种的树木。例如，乔木体形比较高大，常用来做行道树、庭阴树、景观树等；灌木相对低矮一些，常经修剪后形成绿篱、绿带，并构成分隔空间的元素，在有些环境中常与一些小的景观配置结合使用，如休息座椅、花坛。藤木植物擅长缠绕、攀爬，一般是依附于廊架、建筑、围墙形成漂亮的绿壁，能起到点缀与装饰的环境的目的；同时，它还是一种天然的保护层，避免表面风化，减少结构变形（图 2.90～图 2.92）。

图 2.90　整齐的行道树不仅丰富了环境的色彩，还有效的分隔了空间

图 2.91　住宅区内不同层次和品种的植被，使人倍感亲切(摄影：雷贵帅)

图 2.92　植物与石墙的结合凸显了建筑的特色(摄影：党渤)

不同类型树木也可组合栽培，以点、线、面的形式进行分布。例如，如果要突出某环境的中心，可采用孤植的方式，以姿态丰富、独具特色的点状形式安排，容易形成视觉的焦点；如果要体现环境规整、秩序的视觉效果，可运用列植的方式，以线的形式来布置，并对空间起到一定的分隔与限定作用。如果要表达树木的多种姿态给环境带来的美感，可利用群植的方式形成大面积的绿化，通过树木的高低错落、疏密排列、色彩变化来营造环境的特色。

树木的生长具有一定的气候和水土条件的要求，不同的季节枝、叶、花果其色彩会有不同的变化，栽种时要充分考虑这些因素，根据植物四季的季相，处理好在不同季节中观赏不同植物的风貌及其色彩，能达到具有时令特色的艺术效果，让人们在每个季节都能体会到植物所带来的愉悦与美感。

(2) 草坪

草坪是环境绿化设计运用最为普遍的手法之一。它能净化空气、吸附灰尘、保持水土减轻噪声、保护环境。

草坪分为供人们游戏、休闲的使用性草坪和为装饰环境的观赏性草坪。前者对公众开放，供人们休息、散步、嬉戏等，一般选用韧性较强，较耐踩踏的草种；后者一般禁止进入或踩踏，不对公众开放，一般选用颜色碧绿均匀，绿色期较长，耐寒、耐热的草种。草坪常与花坛和树木、雕塑等相结合，使其色彩、质感取得良好的视觉效果(图 2.93 和图 2.94)。

(3) 花

花在外环境中常以花坛、花池、花圃或盆栽的形式出现。具有强烈的装饰韵味，能起到点缀环境、突出景致，渲染气氛的作用。

图 2.93　整齐的草坪为人们提供了舒适的休闲环境(摄影:赵建勋)

图 2.94　草皮与鹅卵石巧妙的搭配,形成富有亲和感的景观(摄影:胡男兮)

花坛、花池还可以和座椅、栏杆、灯具等环境小品结合起来统一设计,使其富有实用性和良好的可观性。对其造型设计要注意平面图案与立体形态的变化,注意节奏韵律的体现,不同花色的搭配关系,以及与整体环境的协调关系,尽量做到在统一中求得变化(图 2.95)。

5. 公共设施

(1) 休息设施

休息设施是指为人们提供休息、交流、读书、思考、观赏风景的服务性设施,这类设计体现了对人的户外活动与需求的关怀,是场所功能性及环境质量的重要体现;同时,人们的活动也组成了环境的重要景

图 2.95　天安门广场前花卉与喷泉组合构成的景观

观,增加了空间的活力,给城市带来欢愉的气氛。

公共座椅主要有靠背椅和长凳两种形式,后者由于缺少椅背仅能提供座位,不能满足身体倚靠的需要。因此,其休闲度要比前者略低。座椅的造型多种多样,常与花坛、围栏、路灯等结合在一起使用,形成各具不同风格式样,增添了环境特色(图 2.96)。石质座椅结合花坛设计,不但具有休息功能,同时对花草还起到了一定的维护作用(图 2.97)。日本街头运用几何形、木质材料设计的极具趣味性、装饰性的座椅形式,不仅美观大方且生动活泼,别具一格(图 2.97～图 2.99)。在绿林的掩映下,一条红色的"飘带"成为林中的景观;同时,也为人们提供了休闲、娱乐的场所。

图 2.96　座椅与花坛的结合(摄影:赵建勋)

图 2.97 日本街头的座椅(摄影:李蔚青)

图 2.98 绿荫中的“红飘带”(1)

图 2.99 绿荫中的“红飘带”(2)

座椅的设置方式应考虑人心理与行为习惯,一般背靠花坛、树丛、围墙等,面朝开阔地为宜(图 2.100)。供人们长时间休息的座椅要注意其舒适度与私密性。短暂休息座椅要考虑其使用效率。

图 2.100 面朝开阔地设置座椅(摄影:雷贵帅)

(2) 娱乐服务设施

游乐器材不仅是儿童,也是青年、老人所喜爱的设施。主要包括游乐具与健身设施等,一般常设置于居住区,公园、绿地、广场内。它不仅能够锻炼身体,还能陶冶人们的情操,更是休息放松的一种积极形式。此类设施需充分考虑使用性质和使用群体,注意其安全性、尺度、色彩、造型、材质的综合设计。如儿童的一些攀爬设施,可采用软质材质,以避免其游戏时受伤。色彩设计应醒目、活泼,形式既美观,又要简单易操作(图 2.101)。

(3) 信息设施

具有传达信息、提供指示、介绍等作用,是一种信息的媒介,为人们提供舒适性和便利性的服务。主要包括广告牌、指示标志牌、电话亭、钟塔等。

此类设施的设计一般要以容量小、简单易识别、造型有个性特点、分布密度合

图 2.101　居住区内的儿童娱乐设施（摄影：张牧欣）

理、使用方便、与周围环境相协调为基本原则。例如，当人们来到一个陌生的环境，通过带有简单介绍的文字、图示、记号、使人一目了然的导游图，能够很快地引导人们熟识陌生的环境，并明确所处的方位。信息设施既能提高人们的生活质量，又能美化景观，还能产生良好的经济效益，是室外环境中必不可少的元素（图 2.102～图 2.104）。

图 2.103　钟塔（摄影：胡男兮）

图 2.102　道路指示标识（摄影：彭雅娟）

图 2.104　电话亭（摄影：彭雅娟）

（4）照明设施

城市环境离不开现代化的环境照明，它是城市夜间活动、夜景美化不可缺少的条件。环境照明设施需达到不同环境对照度的基本要求，以保证人们夜间活动的方便，或防止事故与犯罪的发生，还需要结合环境特征，对灯光的色彩、照明方式等方面仔细推敲。例如，上海外滩是人们夜生活的聚集地，其照明的形式多样，亮度较高，灯光色彩鲜亮、对比较强烈，突出了都市生活的繁华(图 2.105)。而居住区，是人们的栖息之所，应给人以安静、温馨、亲切的感受。因此，照明一般采用色彩淡雅、亮度柔和的设计效果(图 2.106)。室外照明灯具的设计除了需要考虑夜间的照明要求，还要注意白天的装饰效果，其形态、尺度、造型、色彩等会对环境产生重大影响，已成为今天城市景观重要组成部分。

图 2.105　美丽的上海外滩夜景(摄影：彭雅娟)

图 2.106　某居住区夜景(摄影：胡男兮)

(5) 卫生设施

卫生设施主要的目的是为维护城市环境卫生而设置的各种功能不同的装置。常见的有垃圾箱、烟灰缸、饮水器、洗手器、公用厕所等。这类设施能够满足人们的不同需求，保持环境的干净整洁，能大大提高环境的质量，可以说是城市环境的净化器。一般设置于街头、广场、公园等人流量较集中的公共场所。其造型设计应简洁、使用方便；同时，还要注意管理和维护，充分发挥其正常的功能和作用(图 2.109 和图 2.110)。

图 2.107　路灯(摄影：吴豪)

图 2.108　草坪灯(摄影：赵建勋)

图 2.109 造型别致的垃圾箱设计(摄影:赵建勋)

图 2.110 富有自然气息的公共厕所设计(摄影:赵建勋)

6. 艺术景观

环境的美化需要多种多样的艺术表现形式和手段来辅助实现。为了增强环境的艺术、文化气息,提高环境的品质,烘托环境的氛围,设计者常采用雕塑、奇石、假山、雕花围栏等艺术景观来装点环境。现代艺术景观设计手法多样、内容丰富、材料广泛,具有极强的艺术表现力和感染力。不同的环境应设置不同类型的艺术景观。例如,哈尔滨太阳岛内的雕塑设计,人物形象生动逼真,由于它的出现增添了环境的情趣性(图 2.111)。哈尔滨防洪纪念塔广场,其雕塑主题性强,形态挺拔、宏伟,营造了庄严、神圣的环境氛围(图 2.112)。大连海之韵广场,浪花造型的雕塑,其形态富有动感,与海面的波澜起伏形成良好的呼应(图 2.113)。

图 2.111 太阳岛内景观雕塑设计

图 2.112 哈尔滨防洪纪念塔

图 2.113 大连海之韵广场内的雕塑小品

由此,只要我们认真观察生活,就能够体会到生活中处处都充满了艺术的形象和魅力。富有个性的休闲座椅,造型奇特的拦阻设施、色彩鲜艳的消火栓等都可能成为城市美丽的风景线。

7. 建筑小品

建筑小品主要指的是一些小型的建筑

物或构筑物，其功能单一、尺度较小，不足以对外部环境起到控制作用，但却常常成为局部空间的焦点或局部空间的围合和划分的重要元素。常见的有凉亭、小桥、廊架、候车亭等。建筑小品既可以满足一定的使用功能要求，又能丰富空间层次，活跃环境的氛围，是外环境中重要的构成要素。例如，小区中的凉亭，是人们茶余饭后喜欢去的地方，在它所限定的空间里人们可以聊天、乘凉、玩耍。由于凉亭具有美观的造型，因此也成为这个环境中的一处景致(图2.114)。花架、连廊对空间起着连接过度、引导人流的作用；同时，也具有围合与划分空间的作用。通常与植物、座椅等室外环境要素结合起来进行设计，以达到美观实用的目的(图2.115)。

图2.114 居住区内凉亭(摄影：张娟)

图2.115 居住区内廊架(摄影：吴豪)

2.4.3 室外环境设计的基本步骤和方法

1. 自然环境分析

自然环境主要包括地貌、地形、土壤、位置、植被等自然条件，它制约着外环境设计的结构布局及构筑方式。地形、地貌、水体和植被对设计影响极大，作为有形的要素它们直接参与到室外环境设计中来，影响着空间环境的整体布局、外观形式和艺术氛围。

地形起伏的地块层次丰富多变，而平坦开阔的地块气势恢弘。一般来说，坡度小于4%的场地可以近似看成是平地；坡度在10%之内对行车和步行都不妨碍；坡度大于10%，人步行时会感到吃力，需要改造并设置台阶。起伏较大的地形要结合其特征合理地设置台阶、平台以增加空间的层次感和趣味性，使外环境显得更有特色(图2.116)。不同地形其通风、排水的要求也不同。如果在用地中有自然水体濒临或穿过，可以加以改造利用，使其成为环境中的一部分。在用地内，如果有浓密的林带、植被存在，会成为设计中良好的外部环境要素，能够提供新鲜的空气、阻隔噪声、遮阳蔽日，给人以宁静、舒适的感受。

图2.116 巧妙的结合地势设计的外环境(摄影：党渤)

总之，在设计中要学会利用一切有利

的自然因素，运用借景、对景、框景等手法，把自然的景观引入到小环境当中。但利用的同时，要避免对自然环境的破坏，以实现生态可持续发展的设计理念。

2. 人文环境分析

人文环境主要指的是对地域、社区文化背景和使用群体的生活习惯、风土人情等方面特征的把握。不同国家、不同地域、不同民族在室外环境艺术的处理上有很大差异，就是同一地区、同一民族在不同历史时期也各不相同。例如，在西方从古希腊到古罗马，从哥特到文艺复兴，从巴洛克到古典主义，不同历史时期环境艺术的处理手法各不相同。因此，对这些因素的充分把握有利于与大的背景环境融合，形成具有历史积淀和地域特色的环境氛围。

此外，对室外环境的设计还要考虑到用地内已建的建筑、道路及各类设施及因素对环境的影响，特别是周围已经形成的特定环境。美国建筑师赖特在有机建筑理论中指出：建筑应该是从环境中自然生长出来的，建筑的外环境何尝不是如此。每一处新建的外环境能否成功，是否有生命力，关键在于它是否能成为周围大的建筑环境的有机组成部分。

3. 功能分析

任何一个室外环境设计均应具有一定的目的性和满足一定的功能要求，主要包括物质功能和精神功能两个方面。但由于环境的使用目的不同，地点、位置的差异，环境所体现的功能亦会有所侧重。例如，唐山纪念碑广场(图 2.117)，是为了纪念唐山大地震而建的，设计体现出了唐山人民百折不挠的抗震精神和“一方有难，八方支援”的中国传统美德。整个广场给人以凝重、庄严的气氛，给人们的精神带来了一种寄托、启迪和鼓舞。在这个环境中，其精神属性远远大于了物质属性。而像商业街的广场，一般主要作为购物、娱乐、休闲、餐饮的场所，则侧重于物质功能的体现。

图 2.117　唐山纪念碑广场

在确定了用地空间的功能性质后，下一步就涉及到环境中具体的功能设置。首先，要确定空间中有哪些具体功能部分，然后根据不同功能部分的要求相应地设定其空间的大小、空间类型关系等；其次，在确定空间的大小时，不仅要满足使用功能的要求，还需要考虑其精神、文化功能以及与周围环境尺度上的和谐。不同使用功能大多对应着不同空间类型。例如，封闭的空间适于交谈、休息、读书；开敞的空间适于集会、表演、散步等。

4. 空间的组织、规划

综合以上的分析，我们需要把这些形态各异、大小不等的空间经过一定的脉络串联起来，形成一个有机整体。在这个环节中，要仔细推敲各功能空间的位置关系、空间形态、整体环境空间的结构以及外环境构成要素与空间的联系等方面的问题。

首先是要把这些功能进行分类，明确功能之间的关系。然后再根据功能之间的远近亲疏的关系进行空间的功能、位置安排，需要注意的是，在进行各功能组织时，除了满足使用功能的合理性外,同时还要考虑其空间形态的组合效果以及整体空间组织结构的形式,以形成合理的空间规划,使环境整体而又丰富多变。最后,根据环境使用功能与装饰需求,设置相应的公共设施、绿化、水体、艺术景观等环境要素;同时,这些要素也对空间的组织起着重要的作用。在这个设计过程中要注意色彩、材质、图案、造型等与环境的搭配与协调关系,营造出人性的、富有特色的环境空间。

2.4.4 室外环境设计案例分析

1. 深圳市东海花园

深圳市东海花园二期位于深圳市福田区南部的农科中心,与深南大道、香蜜路相毗邻,是城市拟定居住区用地的一部分。小区周围无噪声源和噪声干扰,也无工业和其他环境的污染源,是住宅区的理想用地。在小区室外环境规划设计总体思路中,结合了深圳的地理环境、人文、气候等条件,配合以高新技术产业的发展和应用,创造性地树起了一个“以人为本”的人文居住模式的高尚典范。

环境设计特点:

1) 小区的庭院景观空间由各栋住宅楼围合形成,设计以水为主,形成巴里岛式园林风格。会所与室外泳池为庭院中心轴线,在庭院中有绿化、植物景观、室外泳池(含儿童泳池)、假山、装饰水池、铺地、亭子、柱廊、小品、雕塑、儿童游乐场等设施,在为居民直接提供环境物质上享受的同时,也创造了开敞性的户外活动空间。

2) 各栋住宅楼的底层为架空层,6m 高的层高,通透光亮,架空层的绿化配合室外景观的设计,既为阅读、学习、聚会等活动提供了遮风避雨的场所,又可将小区内庭院的园林景色与架空层绿化相渗透,起到空间交流的作用。

3) 每栋建筑屋顶和高层住户设有屋顶花园,结合半地下停车场的周边植物将绿化从地下引向空中,形成了多样化,立体化的绿化效果。

4) 小区的行人活动与车辆系统分设,庭院内的环形消防车道处理成隐蔽式车道,消防车道上面可铺草皮,只设 2m 宽人行道,以增加绿地面积和加强绿化效果。

5) 考虑深圳市的地理位置,为适应其亚热带气候,并衬托出小区卓越的建筑设计造型,园林设计综合了热带种植的选择,参照东南亚造园的手法,营造出独一无二的巴厘岛风情,配植上的色彩、高低错落的变化多以大自然为蓝本,选用了如中国台湾枣树、华盛顿棕榈、狐尾槟榔、龙血树、橄榄椰、龙舌兰等热带高大植物。多数为大陆住宅小区少用或未用过的品种,使其热带风光表露无遗,给人以新鲜的美感。整个庭园采用的植物多达 80 种,却多而不乱、层次分明,显出大方宜人的热带自然风光。立面上使用造坡、高低花池、花盆的设计手法,从地面到空间自然过渡,无造作之感。由于花木种植达 70 万多株,四季有花,色彩十分丰富,并随季节不同产生不同效果;同时,设计者从叶到花、从高到低进行植物的合理搭配,达到了高尚的造园境界(图 2.118~图 2.122)。

图 2.118 小区内道路

图 2. 119 绿化小品

图 2. 120 轻盈的瀑布、茂盛的植物增添了环境的活力

图 2. 121 具有巴厘岛风格的长廊

图 2. 122 小区内道路

2. 北京王府井商业步行街

(1) 规划的原则

统一原则，强调商业街的完整性和统一性，以风格统一的环境设计规范整条街道，并要求对这条街实施统一的管理；以人为本原则，贯彻以人为本的思想，充分体现对人的关怀，创造轻松、舒适、独具特色的休闲购物环境；文化原则，努力提高文化品位，精心设计小品与绿化，整治广告与店面的形象，并通过雕塑展示王府井的历史；简洁原则，从整体风格到细部设计遵循现代、简洁、朴素淡雅的原则，避免过度刺激性的灯光与广告营造出的商业气氛，凸显王府井建筑与环境的自身魅力。

(2) 详细规划

1) 景观节点：根据王府井商业街平面构成及空间形态选取四处主要景观节点。一是王府井商业街南入口，二是好友商场小广场，三是王府井百货大楼主广场，四是金鱼胡同口。在商业街南入口的明辉大厦(后改名为王府井女子商店)的南墙上悬挂设计独特的传统牌匾，起地标及提示作用；结合好友商场及百货大楼前两个广场的特征，分别以自由活泼与严谨的对称手法进行设计，创造出具有较强对比的两个广场空间，满足市民的不同要求，丰富商业街的空间组合；在金鱼胡同处，结合新东安市场的轴线，以地面铺装的方式设置地标，暗示商业街的端头位置。

2) 道路交通：为减少机动车与商业街的交通矛盾，将其确定为公交步行街，允许公交及特种车辆通行。考虑到商业街两侧传统商店前人行道过窄的缺陷，在车行道定线时，对现状道路略作调整，继续保持曲线型，既照顾了商店前的步行空间，也丰富了道路景观。为体现人本精神，还取消了道牙，使街道空间更开阔，通行更方便，组织交通更灵活。为增强商业街的可达性，对公共交通线路和汽车、自行车停车场专门进行了规划。

服务设施包括电话亭、邮箱、报刊及小卖亭、垃圾桶、座椅等，均与各专业部门配合，统一布局及造型设计。在造型设计中强调突出王府井的特色，使各项服务设施小品之间虽功能各异，但又有类同的因素，形成整体全街特有的小品系列。为方便顾客停留、休息，在商业街的逗留空间排列大量座椅，座椅的位置遵循顺畅原则，与步道平行排列，不影响通行空间中行人的活动，同时也满足休息者的观景需求。

3) 景观设施：为营造商业街轻松自然的活跃气氛，在大街上安排了绿化、雕塑、喷泉、橱窗、广告、标物等。通过设置步行道树，增设草坪的活动花坛美化街道。在广场上通过喷泉与绿化的设置强化景点特色。通过古井的标示、南口牌匾、新东安市场前反映明清时期民俗的雕塑，展示王府井的过去和现在，增加人文景观，给人以历史的联想。王府井街的标志在地面铺装、花架，门牌等处重复出现，增加了王府井大街的统一性和可识别性，突出了商业街的独有品牌。

4) 照明设施：照明设施包括车行道灯、人行道灯、广场灯、埋地灯、泛光灯等。其造型以现代、简洁为原则，与整条街风格一致，以灯光丰富建筑和道路景观。

5) 店面装修：依据城市设计确定的整饰原则对各商店进行装修设计，寻求在统一中求变化，使店面装修既符合整体环境的要求，又造型各异，丰富多彩(图 2.123～图 2.129)。

图 2. 123　下沉院落中的儿童游乐场

图 2. 124　商业街南入口

图 2. 125　新东安市场

图 2. 126　照明设施

图 2. 127　休息设施

图 2. 128　景观雕塑

图 2.129 绿化小品

3. 洛杉矶珀欣广场

珀欣广场位于洛杉矶第 50 大街与第 60 大街之间，其历史可以追溯到 1866 年。从那时起，广场曾经重新设计过多次。

1) 该设计用正交线组织，顺应了城市原有脉络。粉色混凝土铺地上耸立起了一座十层高的紫色钟塔，与此相连的导水墙也是紫色的，墙上开了方的窗洞，成为观赏毗邻小花园的景窗。

2) 广场的另一侧有一座鲜黄色的咖啡馆和一个三角形的停靠站或公交站点，后者靠着另一堵紫色的墙。每条街立面前原来都有进入地下车库的坡道，现在一条连续的人行道被加进来，可直接通过坡道入口。这样在四角上均安排了四个步行人流使用的入口。二三棵并排的树列限定了广场的边界。成组成群的树，既减弱了环绕广场的车行路的影响，又使广场与四周边建筑的产生联系。在广场东边，对着希尔大街，由老公园移植过来的 48 棵高大的棕榈树在钟塔边形成了一个棕榈树庭。在广场中央是橘树园，这也是洛杉矶的特色之一。其他的树还有天堂鸟、枣椰树、墨西哥扇椰树、丝兰、樟树等。

3) 圆形的水池和正方形下沉剧场是公园中规则的几何元素。水池边的铺地用灰色鹅卵石铺成并与周围铺地齐平，有意做成碟子的缘边形状，匠心独具。在水池边缘，从导水墙喷出的水落入水池中央并起起落落，模仿潮汐涨落的规律，每 8 分钟一次循环。水池中央还有一条模仿地震后的齿状裂缝。可容纳 2000 人的露天剧场地面植以草皮，只在草坪中设置了一些折线形的矮墙，其高度可充当座凳。踏步用粉色的混凝土。舞台的标志是四棵棕榈树，同水池一样，它们是对称布置的。广场的出色之处在于运用了对称的平面，但被不对称却整体均衡的竖向元素打破，如钟塔、墙、咖啡店。

该广场以自然与秩序并重的城市设计手法，开阔了城市社会生活的范围，表现了作为场所精神之存在的空间环境；同时，设计考虑了与南加利福尼亚的拉美邻国墨西哥文化方面的渊源关系，它试图建成一个满足多重使用者的广场空间(图 2.130～图 2.132)。

图 2.130 珀欣广场鸟瞰

图 2.131 广场细部

图 2.132　广场喷水池

4. 华盛顿越战纪念碑

纪念碑为建于坡地之中的黑色花岗岩墙体，先是缓慢地向低处绵延近 70m，碑体也逐渐升高，到达最低处转折 125°后再向高处继续延伸 70m 左右。碑体呈 V 字形，按照字母顺序刻列57 939位阵亡将士的姓名。纪念碑及环境设计的非常洗练，受到了广泛赞誉，被认为是 20 世纪最杰出的纪念性建筑之一。

环境设计特点：

1）场所创造。纪念碑建在一大片绿地之中，营造空间的要素只有两片墙体和地面的铺地，但设计却十分巧妙。墙体一开始的背景是青青的草坡，随着人向着低处走去，墙体慢慢变高，遮挡了人们的视线，使人们直接面对碑体，完全沉浸于黑色磨光花岗岩构成的环境之中，被 5 万多个阵亡将士的姓名所包围。这时环境塑造的肃穆、深沉、悲伤的氛围与纪念主题是非常吻合的。当人们沿着墙体逐渐走向地面再次看到青青的草坡时，整个纪念的程序走向尾声，参观者的心绪也从激荡趋向平和。

V 字形的碑体分别指向林肯纪念堂和华盛顿纪念碑，通过“借景”让人们时时感受到阵亡将士纪念碑与这两座象征国家的纪念性建筑之间密切的联系。前者则伸入大地之中绵延而哀伤，后者在天空的映衬下显得高耸又端庄，场所寓意是多么贴切、深刻。

铺地材料主要有两种，中间是光滑的花岗岩石板，两侧则用块石铺就，为往来穿行者与凝神瞻仰者创造了各自的领域。

2）人的行为与环境。该设计之所以将环境作如此洗练的处理是因为她将参观者的行为与环境有机的结合起来。无数参观者以各自的行为、表情、心绪为简洁的环境创造了最大的丰富性，一些人抚摸亲友的姓名，有的还用纸条磨印出拓痕带回家纪念……而如镜的黑色花岗石更是将这一切映照于之上，将神态各异的人们与阵亡的故人联系在了一起(图 2.133 和图 2.134)。

图 2.133　华盛顿越战纪念碑(摄影:李蔚青)

图 2. 134　越战纪念碑近景图

第三章 环境艺术设计方案的综合表达基础

环境设计的创意构思、设计方案的表达就如同人类的语言，是设计师取得与其他人之间进行交流的主要渠道。设计方案内容表达得是否充分到位、是否具有美感，不仅关系到设计方案的形象效果，而且还会影响方案的社会认可度。因此，作为一名环境艺术设计人员，熟练掌握并恰当运用环境艺术设计的各种表达方法是学习本专业至关重要的内容。

第一节　环境艺术设计的表达基础

技术性图纸是表达任何工程设计必不可少的部分，也是每个初学者必须掌握的基本作图技能。学习制图不仅应熟练掌握常用制图工具的使用方法，以保证制图的质量和提高作图的效率，还必须遵照有关的制图标准或规定进行制图，以保证制图的规范化。图纸除了要严格按照国家规定绘制外，还要求图面工整、清晰、合理并且提供的数据应做到准确无误。下面我们就制图的第一步——工具线条图开始学习。

3.1.1　工具线条图

使用绘图工具（丁字尺、圆规、三角板等）工整地绘制出来的图样，称为工具线条图。它又可分为铅笔线条图和墨线线条图两种，主要依据绘图工具的不同而区分。工具线条图要求所作的线条粗细均匀、光滑整洁、交接清楚。因为这类图纸是以明确的线条描绘环境中物体的轮廓来表达设计意图的，所以严格的线条绘制是它的主要特征。图纸上不同粗细和不同类型的线条都代表一定的意义。

1. 线条的种类、交接及画线顺序

(1) 线条的种类

剖切线：表示剖面图被剖切部分的轮廓线；图框线也用该线条表示。

轮廓线：表示实物外形的边缘轮廓线。

实线：线性最细，一般用于平面图、剖面图中的材料、图例线、引线、表格的分界线。

中心线：也称点划线，表示物体的中心位置或轴线位置（定位轴线）。

虚线：表示实物被遮挡部分的轮廓线或辅助线。

折断线：表示形体在图面上被断开的部分，多用于图中构件、墙身等的断开线。（图 3.1）

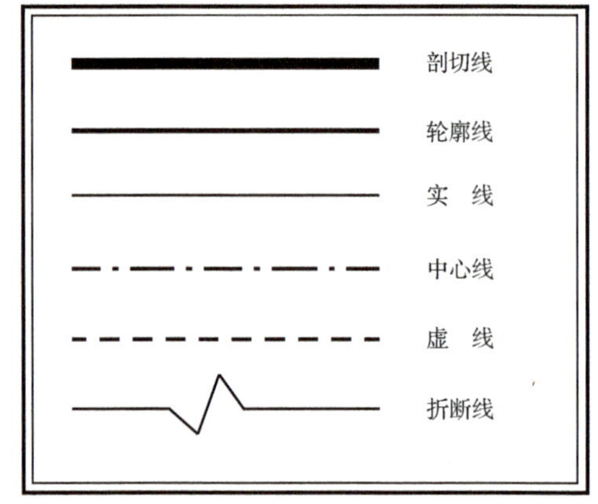

图 3.1　制图常用线（绘制：屈梅）

(2) 线条的交接

1）两直线相交。

2）两线相切处不应使线加粗。

3）各种线样相交时交点处不应有空隙。

4）实线与虚线相接。

5）圆的中心线应出头，中心线与虚线圆的相交处不应有空隙（图 3.2）。

除上述几点外，绘图时还应注意：

虚线、点划线或双点划线线段长度与间距应各自相等。虚线线段长为 4～6mm，间距为 0.5～1.5mm；点划线的线段长为 10～20mm，间距为 1～3mm。点划线线段的端点不应是点。所绘图线不应穿越文字、数字和符号，若不能避免时应将线条断开，保证文字、数字和符号的清晰。

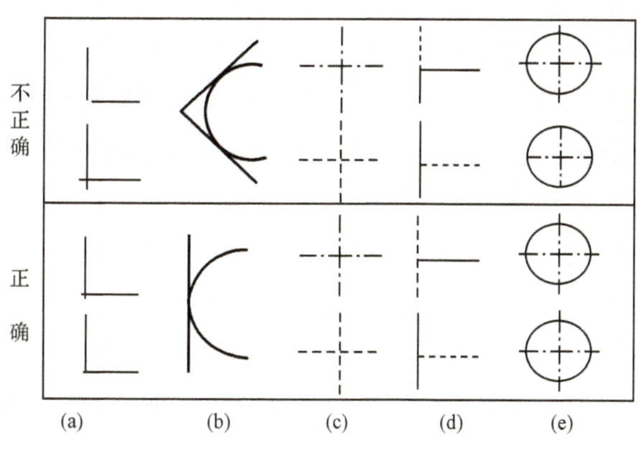

图 3.2　线的交接

线条的加深与加粗：铅笔线宜用 B～3B 较软的铅笔加深或加粗，然后用 H～B 较硬的铅笔将线边修齐。墨线的加粗，可先画边线，再遂笔填实。如用一笔画出粗线，由于下水过多，线型势必会在起笔处显得肥大，纸面也容易起皱(图 3.3)。

粗线与稿线的关系：稿线应为粗线的中心线，两稿线距离较近时，可沿稿线向外加粗(图 3.4)。

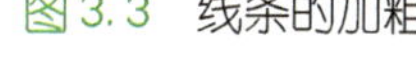

图 3.3　线条的加粗

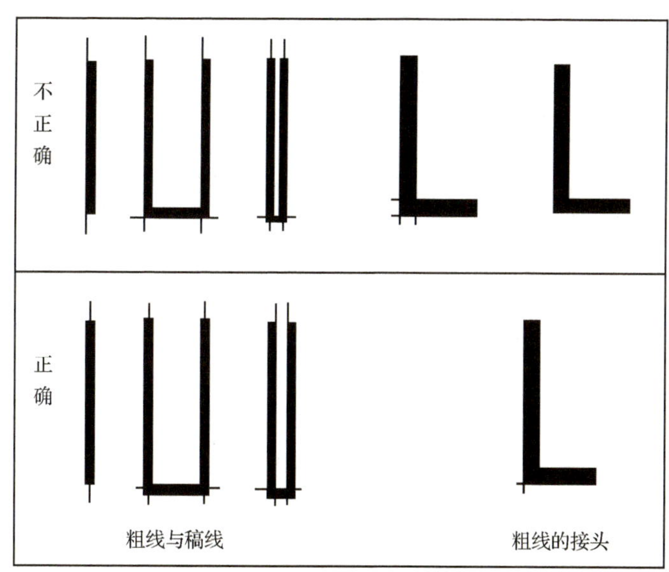

图 3.4　粗细线处理

(3) 画线顺序

1) 铅笔粗线易污染图面，因而铅笔画稿线应轻而细。

2) 先画细线，后画粗线。因为铅笔线容易被尺面磨落而弄脏图面，粗的墨线不易干燥，易被尺面涂开，先画细线不影响制图进度。

3）在各种线形相接时应先画圆线和曲线，再接直线，因为用直线去接圆或曲线容易使线条交接光滑。

4）先画上后画下，先画左后画右，这样不易弄脏图面。

5）画完线条后再标注尺寸与文字说明，最后写标题及画边框。

2. 制图工具、用法及制图常规

(1) 常用绘图工具

常用绘图工具如图 3.5 所示，由于为大多数人所知，故不一一叙述。

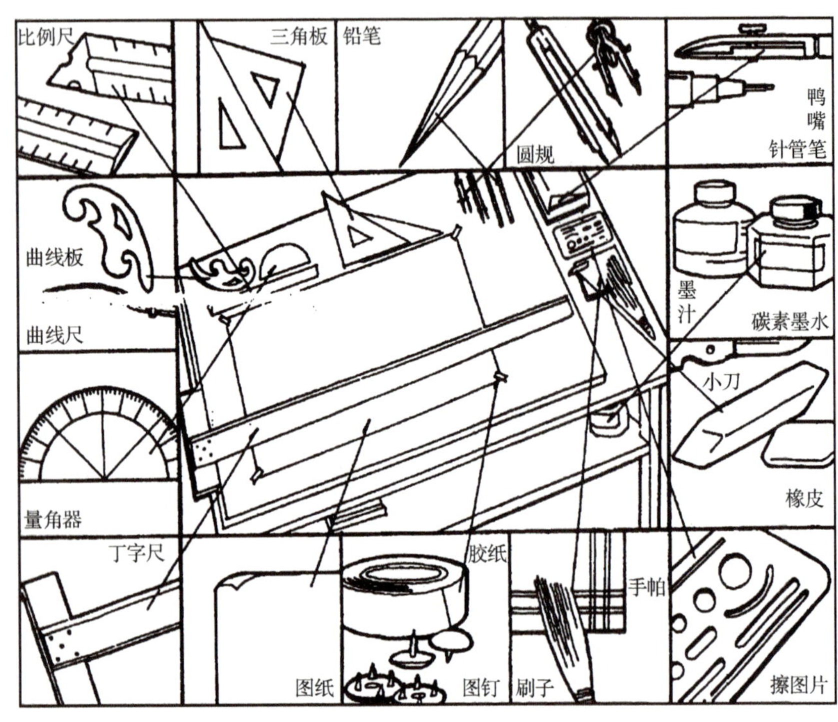

图 3.5　常用绘图工具及其在作图时的放置

(2) 工具用法

1）铅笔、针管笔和直线笔的用法。

根据铅芯的软硬不同可将绘图铅笔划分成不同的等级，最软的为 10B、最硬的为 10H，但在具体制图过程中还要根据图纸、所绘的线条和空气的温湿度加以调整，如纸面光滑、所绘线条较宽、空气湿度大、温度低时需相应地加大深度。2B 以上的绘图铅笔多用于素描，但也有不少设计人员喜欢用 3B 以上的软铅笔在拷贝纸上作草图或构思方案。除了用绘图铅笔制图外，也可用自动铅笔起稿线、作草图，铅芯有 0.5mm、0.7mm、0.9mm 三种规格，硬度多为 HB。

铅笔线条是制图的基础，要求画面整洁、线条光滑、粗细均匀。为了保证所绘线条的质量，尽量减少铅笔芯的不均匀磨损，在作图前要将铅笔削尖，并使笔芯保持 5mm 左右的长度，在绘制线条过程中将笔向运笔方向稍倾斜，并在运笔过程中轻微地转动铅笔，使笔芯能相对均匀的磨损；另外，还要注意，因用力不均匀线条还会产生深浅变化。为了使同一线条深浅一致，在作图时用力应均衡，并保持平稳的运笔速度。铅笔的运笔方向：水平线为从左至右，垂线为从下至上(图 3.6)。

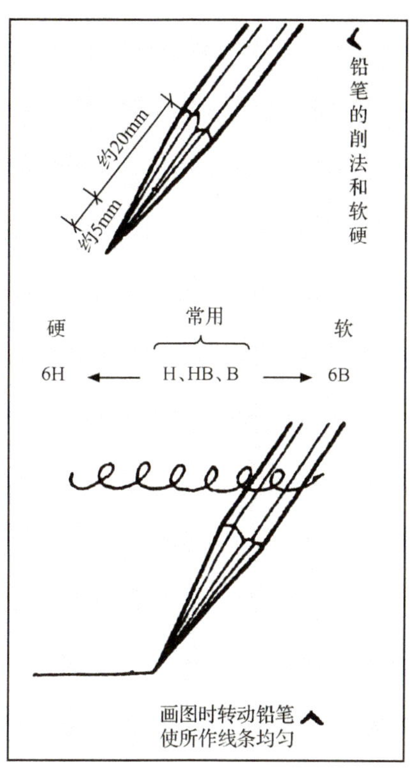

图3.6　铅笔用法

针管笔是专门为绘制墨线线条图而设计的绘图工具。针管笔因携带和使用方便而深受设计人员的喜爱。针管笔的笔头由针管、重针和连接件组成。针管管径的粗细决定所绘线条的宽窄，设计制图中至少要备有粗、中、细三种不同管径的针管笔。国产英雄牌9支装针管笔(管径为0.2mm、0.3mm、0.4mm、1.0mm、1.2mm、…)就能满足一般的制图工作的需要。

用针管笔作图时，应将笔尖正对铅笔稿线，并尽量与尺边贴近。为了避免尺子的边沿沾上墨水洇开弄脏图线，可以在尺子的底面用胶带贴上厚度相同的纸片，使尺面稍高出图面约1mm。作图时笔应略向运笔方向倾斜，并保持用力均衡、速度平稳。用较粗的针管笔作图时，下笔和收笔均不宜停顿。针管笔除用来作直线外，还可以将其用圆规附件和圆规连接起来作圆或圆弧，也可以用连接件配合模板作图。

为了使针管笔保持良好的工作状态和较长的使用寿命，应正确使用和保养针管笔。当用较细的针管笔作图时，用力不得过大以防针管笔弯曲和折断。若笔尖常出现墨珠或笔套常被墨水弄脏，可能是墨水上得太多所致。因此，针管笔所上墨水量不宜过多，一般为笔胆的1/4～1/3。针管笔不宜用过浓或沉淀的碳素墨水，笔不用时应随时套上笔套以免笔尖墨水干结。定时清洗针管笔是十分必要的，否则，笔头部分因干墨和沉淀堵塞会导致针芯堵滞、墨线干涩、下笔出水困难等现象。

直线笔又名鸭嘴笔，用墨汁或绘图墨水，色较浓，所绘制的线条较挺，使用时要保持笔尖内外侧无墨迹，以免绘图洇开；上墨水量要适中，过多容易滴墨，过少容易使线条干湿不均匀；画线时，两片笔尖间一定要留有空隙，以保证墨水能流出。如笔尖的空隙已很小，画出的线条仍嫌太粗时，应检查画线笔尖。如已用钝，可用油石磨后再用。用直线笔画线时，笔尖正中要对准所要画的线条，并与尺边保持微小的距离；运笔时要注意笔杆的角度，不可使笔尖向外斜或向里斜，进行的速度要均匀。使用后注意务必放松螺丝，擦净积墨(图3.7)。

2) 图板、丁字尺、三角板的用法。

图板是制图中最基本的工具，有零号(1200mm × 900mm)、壹号(900mm × 600mm)和贰号(600mm×450mm)三种规格，制图时应根据图纸大小选择相应的图板。普通图板由框架和面板组成，其短边称为工作边，面板称为工作面。图板板面要求平整、软硬适中；图板侧边要求平直，特别是工作边更要平整。因此，应避免在图板面板上乱刻划、加压重物或置于阳光下暴晒。

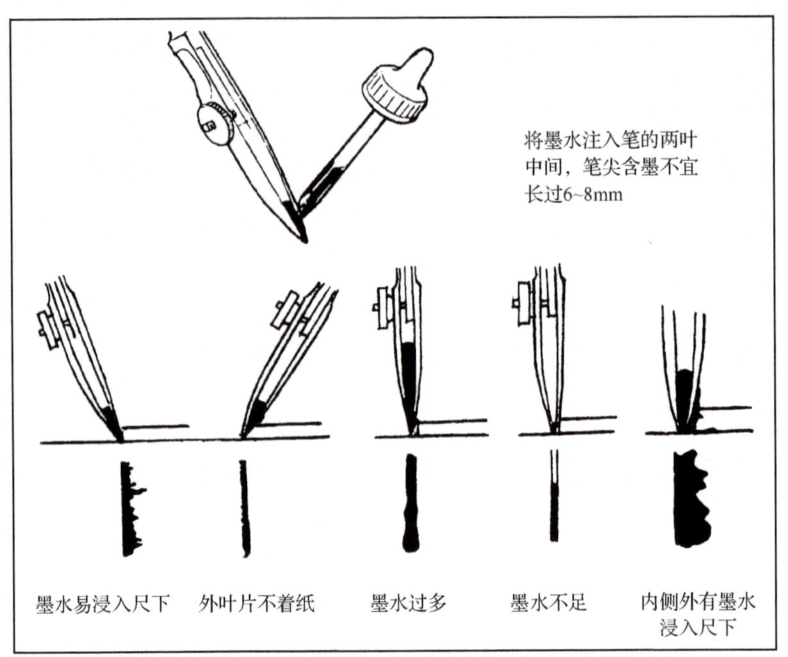

图 3.7　鸭嘴笔使用

丁字尺又称 T 形尺，由相互垂直的尺头和尺身组成，尺身上有刻度的一侧称为丁字尺的工作边。丁字尺分 1200mm、900mm、600mm 三种规格。丁字尺是最常用的线条绘图工具，主要用来画水平线或配合三角板作图。使用前必须擦干净，其要领是：丁字尺头要紧靠图板左侧，不可在图版的其他侧向使用；三角板必须紧靠丁字尺尺边，角向应在画线的右侧；水平线要用钉子尺自上而下移动，笔道由左向右；垂直线要用三角板由左向右移动，笔道自下而上。

三角板可用来画平行线、垂线外还可利用两种三角板画 15°及其倍数的各种角度（图 3.8）。为提高工具线条（包括铅笔和墨线）制图效率，减少差错，可参考下列作图顺序：先上后下、丁字尺一次平移而下；先左后右、三角板一次平移而右。

3）比例尺、圆规、分轨和曲线板。

在设计制图中，必须将房屋或部件按比例缩小到图面上，比例尺是用来缩小或放大线段长度的尺子，一般为三棱形，也称三棱尺。比例尺有六种比例刻度；片条形的比例尺有四种，它们还可以彼此换算。比例尺上刻度所注的长度，就代表要度量的实物长度，如 1∶100 比例尺上 10mm 的刻度，就代表了 1m 长的实物。因为尺上实际的长度只有 10mm，即 1cm，所以用这种比例尺画出的图形上的尺寸是实物的 100 倍，它们之间的比例关系是 1∶100。在建筑环境中常用的比例尺度如表 3.1 中所列。

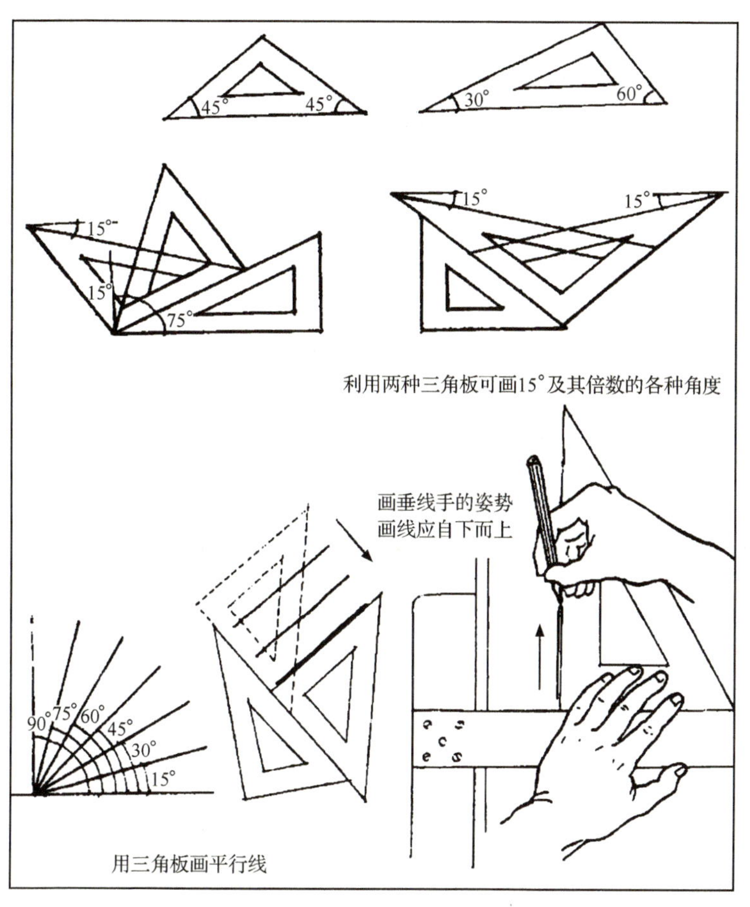

图3.8 三角板的使用

表 3.1 各类建筑图样常用比例尺举例

图样名称	比例尺	代表实物长度/m	图面上线段长度/mm
总平面或地段图	1∶1000 1∶2000 1∶5000	100 500 2000	100 250 400
平面、立面、剖面图	1∶50 1∶100 1∶200	10 20 40	200 200 200
细部大样图	1∶20 1∶10 1∶5	2 3 1	100 300 200

圆规是用来作圆或画弧的工具，有大小圆规、弹簧圆规和小圈圆规三种。

弹簧圆规的规脚间有控制规脚分度的调节螺丝，便于量取半径，但所画圆的大小会受到限制。小圈圆规是专门用来作半径很小的圆或圆弧的工具。用圆规作圆时应按顺时针方向转动圆规，规身略向前倾，并且尽量使圆规的两个规脚尖端同时垂直于图面。当圆的半径过大时，可在圆规规脚处接上套杆作图。当作同心圆或同心圆弧时，应保护圆心，先作小圆，以免圆心扩大后影响准确程度。圆规既可作铅线圆，也可作墨线圆。作铅线圆时，铅芯不应削圆锥状，而应用细砂纸磨成单斜面状，使铅芯磨损相对均匀。

分规是用来截取线段、量取尺寸和等分直线或圆弧的工具。普通的分轨应不紧不松、容易控制。弹簧分规有调节螺丝，能够准确地控制分规规角的分度，使用方便。用分规截量、等分线段或圆弧时，应使两个针尖准确地落在线条上，不得错开（图 3.9）。

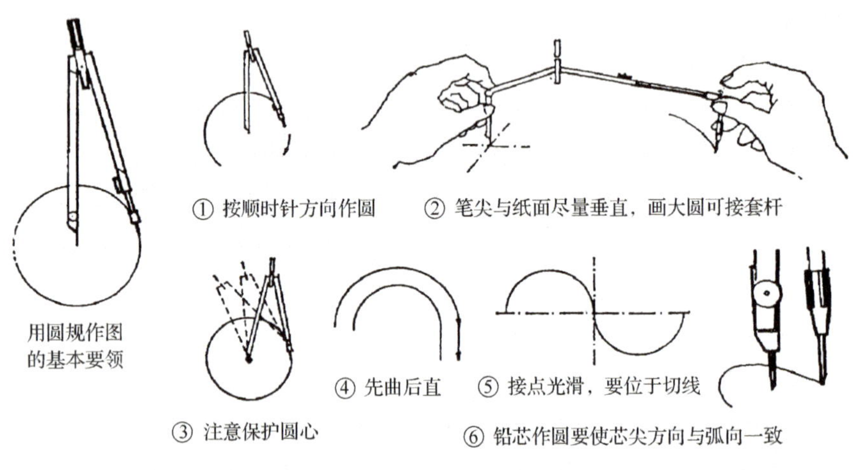

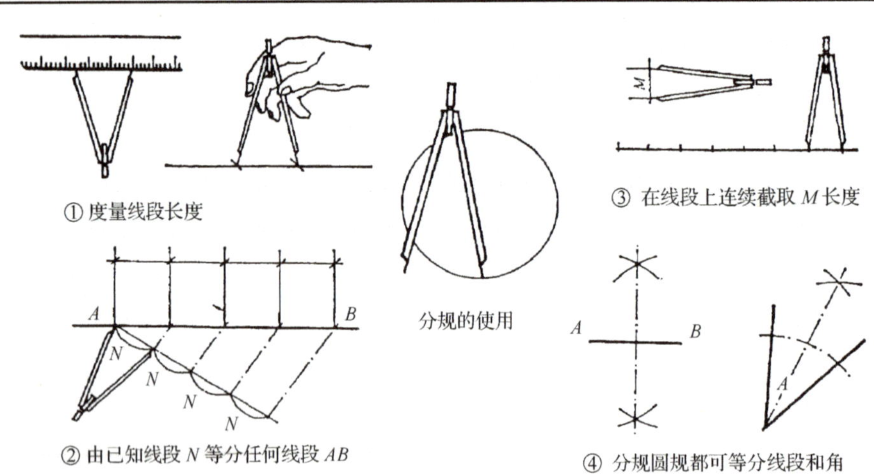

图 3.9　圆规与分轨的用法

曲线板是用来绘制曲率半径不同曲线的工具。曲线板是用可塑性材料或柔性金属芯条制成的柔性曲线条。在工具线条图中，水池、道路、建筑物等的不规则曲线都应该用曲线板。作图时，为保证线条光滑、准确，相邻曲线段之间应留一小段共同段作为过渡。

4）其他用具。

模板：模板可用来辅助作图、提高工作效率，如在环境设计中就可用模板绘制厨房和卫生间中的设施。模板的种类非常多，一类为专业模板，如工程结构模板、家具制图模板等，这种模板上一般刻有该专业所常用的一些尺寸、角度和几何形状。另一类为通用型模板，如圆模板、椭圆模板等。用模板作直线时笔可稍向运笔方向倾斜，作圆或椭圆时笔应该尽量与纸面垂直，且紧贴图形边缘。当作墨线图时，为了避免墨水渗到模板下弄脏图线，可用胶带粘上垫纸贴到模板下，使模板稍稍离开图面0.5～1.0mm。

擦皮和擦图片：

擦皮应软硬适中，能将笔迹擦干净，而又不擦伤纸面，留下痕迹。使用擦皮时应先将擦皮清洗干净，然后选一顺手的方向均匀用力推动擦皮，用最少的推动次数将笔迹清除，不可往复擦，否则纸面很容易被擦毛，难以再作出光滑流畅的线条。擦皮经常与擦图片配合使用。

擦图片一般由薄金属片（以不锈钢为佳），或透明胶片制成。其作用是用橡皮擦除在板孔内的线段，而不影响周围的其他线条。擦线时必须把擦线板紧紧按牢在图纸上，以免移动而影响周围的线条（图3.10）。

图3.10 擦图片

纸张、透明胶带和绘图三眼钉：

制图主要用制图纸和描图纸两种纸张。质量较好的绘图纸，有整张纸面平整均匀、经得起擦拭、不会因空气湿度变化而产生过大的变形、用墨水绘制线条时不会洇开等特点。质量较好的描图纸纸面透明性好、均匀平整、容易着墨。图纸固定于图板上时，应用透明胶带或绘图三眼钉，不得用图钉，否则将损伤图板图面，影响正常制图工作。

小刀、单面刀片和双面刀片：

作线条的铅笔应用小刀削；图板上的图纸应用单面刀片裁；描图纸上画错的墨线或墨迹斑痕应用双面刀片刮，且刮图时，应平放图纸，下垫三角板，轻轻刮除。

小钢笔、墨水、清洁扫：

墨线图上的工程字、数字和符号等常用小钢笔书写。制图常用墨水为碳素墨水和绘图墨水。前者较浓，后者较淡，所用碳素墨水不应有沉淀物。绘图时为了避免弄脏图面，应清扫除去图面上的铅粉等脏物。

（3）制图常规

1）图纸幅面：制图应采用国际通用的A系列幅面规格的图纸。A0幅面的图纸称为零号图纸（0＃），A1幅面的图纸称为壹号图纸（1＃）等。图纸幅面的规格及尺寸详见图3.11及表3.2。

当图的长度超过图幅长度或内容较多时，图纸需要加长。图纸的加长量为原图纸长边1/8的倍数。仅A0～A3号图纸可加长，且必须沿长边。图纸长边加长后的尺寸见表3.3。

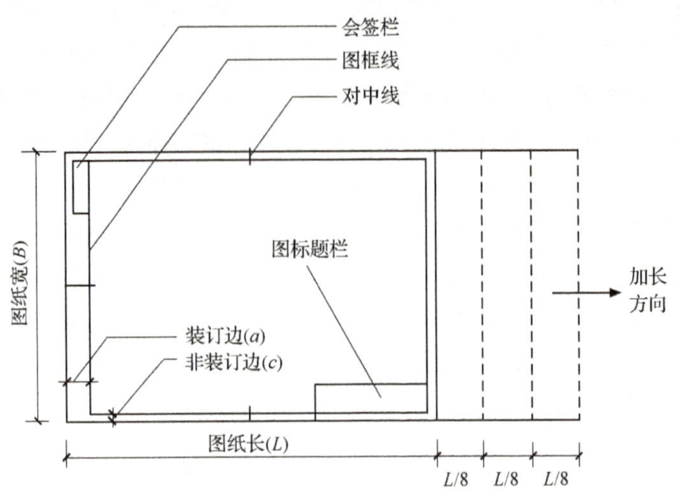

图 3.11　图纸幅面

表 3.2　图纸的幅面及图框尺寸　　单位:mm

图幅					
$B\times L$	841×1189	594×841	420×594	297×420	210×294
c	10			5	
a	25				

表 3.3　图纸长边加长尺寸　　单位:mm

幅面代号	长边尺寸 L	长边加长后尺寸
A0	1189	1338　1487　1635　1784　1932　2081　2230　2387
A1	841	1051　1261　1472　1682　1892　2102
A2	594	743　892　1041　1189　1338　1487　1635　1784
A3	420	631 841　1051　1261　1472　1682　1892

为了便于图纸管理和交流,通常一项工程的设计图纸应以一种规格的幅面为主,除用作目录和表格的 A4 号图纸之外,不宜超过两种,以免幅面掺杂不齐,不便管理。图纸以图框为界。图框到图纸边缘的距离与幅面的大小有关,具体数据见表 3.2。图框的形式有两种:一为横式,装订边在左侧;二为竖式,装订边在上侧(详见图 3.13),A0～A3 号图纸宜用横式。图框线的中央有时需标对中线,对中线宽为 0.35 mm,伸入图框内 5 mm。

2) 标题栏与会签栏:标题栏又称图标,用来简要地说明图纸的内容。标题栏中应包括设计单位名称、工程项目名称、设计者、审核者、描图员、图名、比例、日期和图纸编号等内容。标题栏除竖式 A4 图幅位于图的下方外,其余均位于图的右下角(图 3.13)。标题栏的尺寸应符合 GBJ1—86 规范规定,长边为 180mm,短边为 40mm、30mm 或 50mm。需会签的图纸应设会签栏,其尺寸应为 75mm×20mm,栏内应填写会签人员所代表的专业、姓名和日期(图 3.12)。许多设计单位为使图纸标准化,减少制图工作量,已将图框、标题栏和会签栏等印在图纸上；另外，各个学校的不同专业尚可根据本专业的教学需要自行安排标题栏中的内容，但应简单明了。

在绘制图框、标题栏和会签栏时还要考虑线条的宽度等级。图框线、标题栏外框线、标题栏和会签栏分格线，应分别采用粗实线、中粗实线和细实线加以区分表示，线宽详见表3.4。

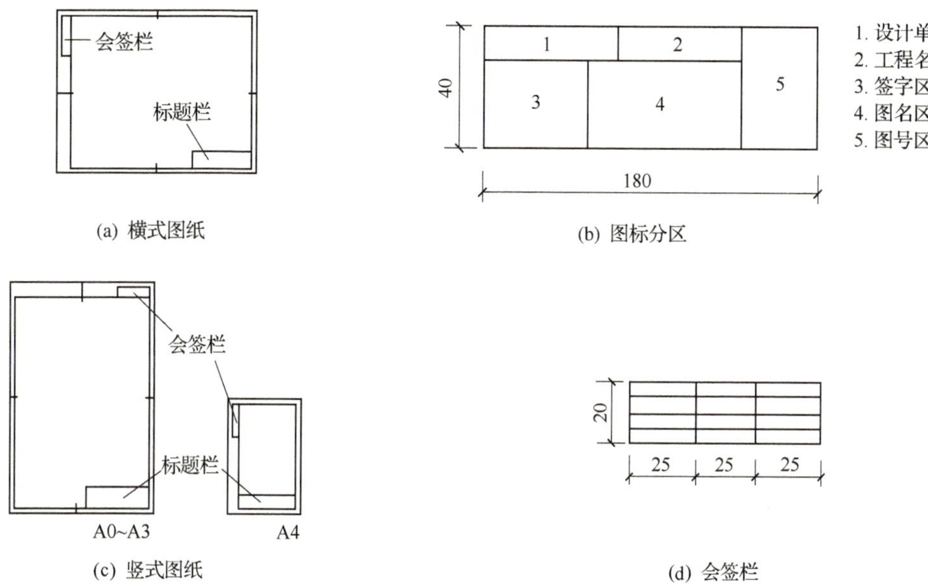

图3.12　横式和竖式图纸

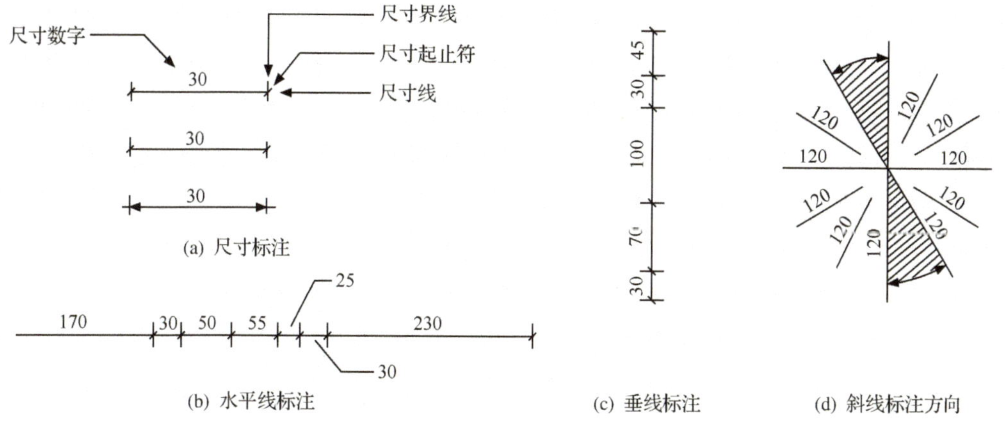

图3.13　线段标注

表3.4　图框、标题栏和会签栏的线条等级　　单位：mm

图幅	图框线	标题栏外框线	栏内分割线
A0、A1	1.4	0.7	0.35
A2、A3、A4	1.0	0.7	0.35

3）标注与索引：图纸中的标注和索引应按制图标准正确、规范地进行表达。标注要醒目准确，不可模棱两可。索引要便于查找，不可零乱。

① 线段的标注：线段的尺寸标注包括尺寸界限、尺寸线、起止符号和尺寸数字（图 3.14）。尺寸界线与被注线段垂直，用细实线画，与图线的距离应大于 2 mm。尺寸线为与被注线段平行的细实线，通常超出尺寸界线外侧 2～3 mm，但当两不相干尺寸界线靠得很近时，尺寸线彼此都不出头，任何图线都不得作为尺寸线使用。尺寸线起止符号可用小圆点、空心圆圈和短斜线，其中短斜线最常用。短斜线与尺寸线成 45°角，为中粗实线，长 2～3 mm。线段的长度应该用数字标注，水平线的尺寸应标在尺寸线上方，铅垂线的尺寸应标在尺寸线左侧，其他角度的斜向线段标注如图 3.13 所示。当尺寸界线靠得太近时可将尺寸标注在界线外侧或用引线标注。图中的尺寸单位应统一，除了标高和总平面图中可用 m 为标注单位外，其他尺寸均以 mm 为单位。所有尺寸宜标注在图线以外，不宜与图线、文字和符号相交。当图上需标注的尺寸较多时，互相平行的尺寸线应根据尺寸大小从远到近依次排列在图线一侧，尺寸线与图样之间的距离应大于 10mm，平行的尺寸线间距宜相同，常为 7～10 mm。两端的尺寸界线应稍长些，中间的应短些，并且排列整齐。

② 圆（弧）和角度标注：圆或圆弧的尺寸常标注在内侧，尺寸数字前需加注半径符号 R 或直径符号 D、Φ。过大的圆弧尺寸线可用折断线，过小的可用引线。圆（弧）、弧长和角度的标注都应使用箭头起止符号（图 3.14）。

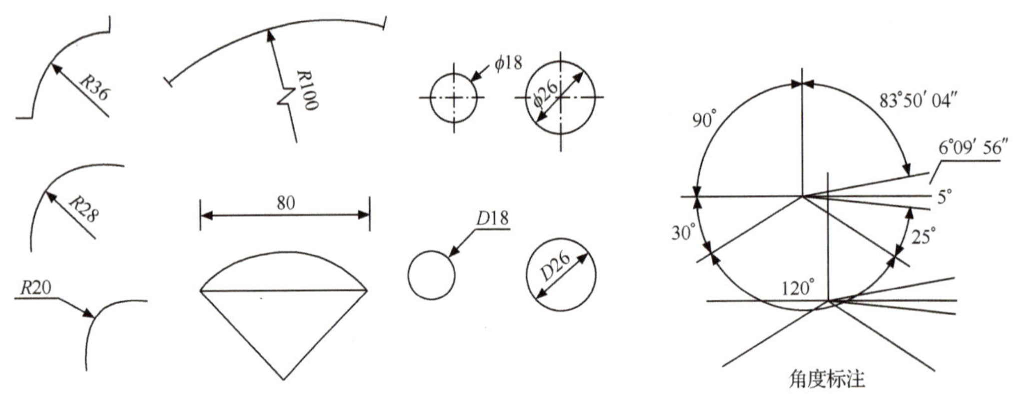

图 3.14 圆（弧）标注

③ 标高标注：标高标注有两种形式。一是将某水平面如室内地面作为起算零点，主要用于个体建筑物图样上。标高符号为细实线绘的倒三角形，其尖端应指至被注的高度，倒三角的水平引申线为数字标注线。标高数字应以 m 为单位，注写到小数点以后第三位；二是以大地水准面或某水准点为起点算零点，多用在地形图和总平面图中。标注方法与第一种相同，但标高符号宜用涂黑的三角形表示（图 3.15），标高数字可注写到小数点以后第三位。

④ 坡度标注：坡度常用百分数、比例或比值表示。坡向采用指向下坡方向的箭头表示，坡度百分数或比例数字应标注在箭头的短线上。用比值标注坡度时，常用倒三角形标注符号，铅垂边的数字常定为 1，水平边上标注比值数字（图 3.16）。

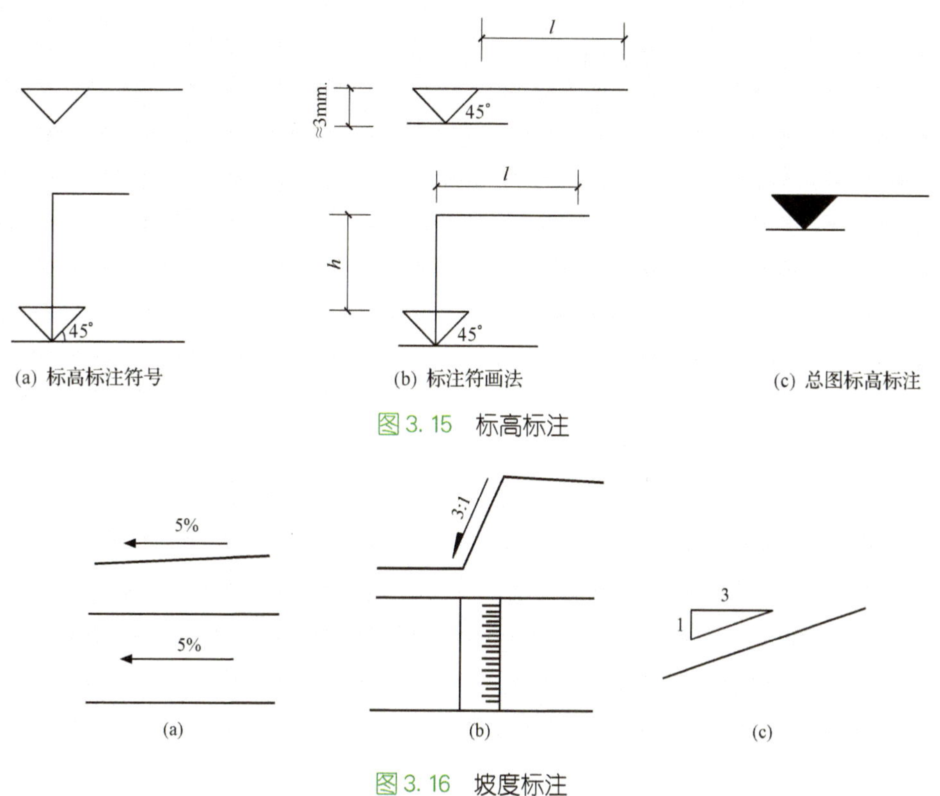

图 3.15　标高标注

图 3.16　坡度标注

⑤ 曲线标注：简单的不规则曲线可用截距法（又称坐标法）标注，较复杂的曲线可用网格法标注（图 3.17）。用截距法标注时，为了便于放样或定位，常选一些特殊方向和位置的直线，如定位轴线作为截距轴，然后用一系列与之垂直的等距平行线标注曲线。用网格法标注较复杂的曲线时，所选网格的尺寸应能保证曲线或图样的放样精度，精度越高，网格的边长应该越短。尺寸的标注符号与直线相同，但因短线起止符号的方向有变化，故尺寸起止符号常用小圆点的形式。

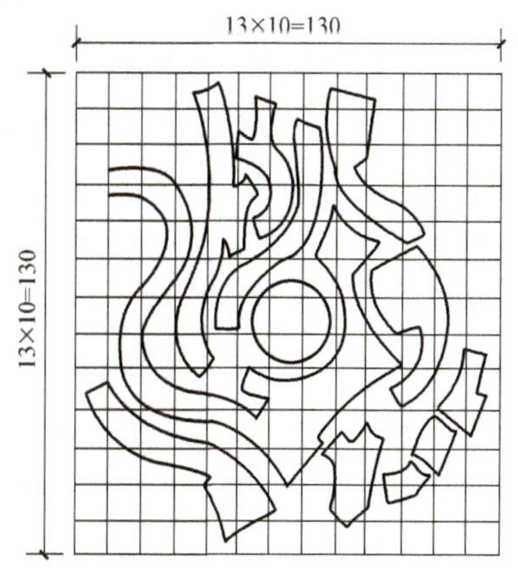

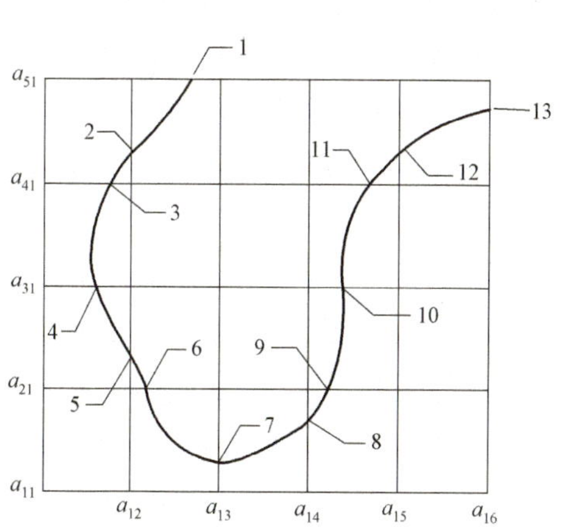

图 3.17　曲线标注

⑥ 定位轴线：为了便于施工时定位放线，查阅图纸中相关的内容，在绘制园林建筑图时应将墙、柱等承重构件的轴线按规定编号标注。定位轴线用细点划线，编号应注写在轴线端部直径为 8mm 的细实线圆内，横向编号应用阿拉伯数字（1，2，3，…），从左至右顺序编写，竖向编号应用大写拉丁字母（A，B，C，…），从下至上顺序编写。为了避免与数字混淆，竖向编号不得用 I、O 和 Z 等字母。

⑦ 索引：在绘制施工图时，为了便于查阅需要详细标注和说明的内容，还应标注索引。索引符号为直径 10mm 的细实线圆，并过圆心作水平细实线的直径将其分为上下两部分，上侧标注详图编号，下侧标注详图所在图纸的编号。涉及到标准图集的索引，下侧标注详图所在图集中的页码，上侧标注详图所在页码中的编号，并应在引线上标注该图集的代号。如果用索引符号索引剖面详图，应在被剖切部位使用粗实线标出剖切位置和方向，粗实线所在的一侧即为剖视方向（图 3.18）。被索引的详图编号应与索引符号编号一致。详图编号常注写在直径为 14mm 的粗实线圆内。

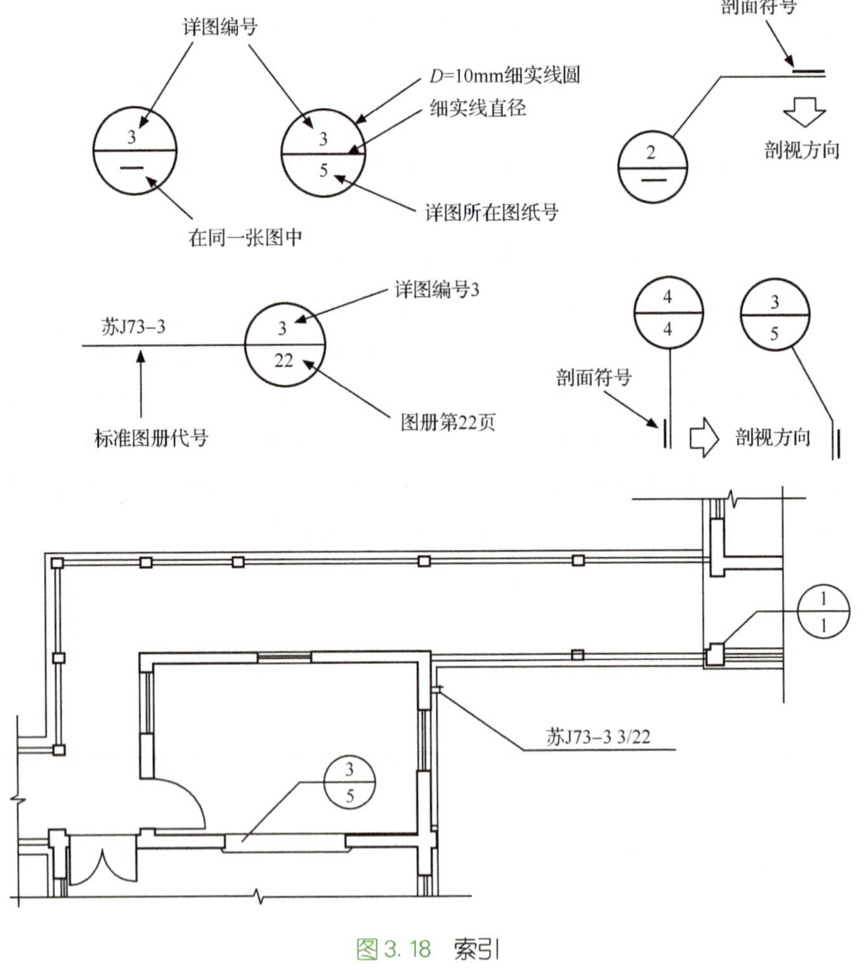

图 3.18　索引

⑧ 引出线：引出线宜采用水平方向或与水平方向成 30°、45°、60°、90°的细实线，文字说明可注写在水平线的端部或上方。索引详图的引出线应对准索引符号圆心；

同时引出几个相同部分的引出线可互相平行或集中于一点。路面构造、水池等多层标注的共用引出线应通过被引的诸层，文字可注写在端部或上方，其顺序应与被说明的层次一致。竖向层次的共用引出线的文字说明应从上至下顺序注写，且其顺序应与从左至右被引注的层次一致(图 3.19)。

4) 字体写法简介。

文字和数字是图纸的重要组成部分，要求工整、美观、清晰、易辨认。

① 汉字——仿宋体和黑体字。

仿宋体是由宋体字演变而来的长方形字体，其笔画匀称明快，书写又比较方便，因而成为工程图纸的常用字体。黑体字又称黑方头，为正方形粗体字，一般常用作标题和加重部分的字体(图 3.20)。字体格式：仿宋字一般高宽比为 3∶2，字间距约为字高的 1/4，行距约为字高的 1/3。为了使字体排列整齐，书写大小一致，事先应在图纸恰当的位置上用铅笔淡淡地打好方格，按上述各项格式留好字体的数量和大小位置，再进行书写。

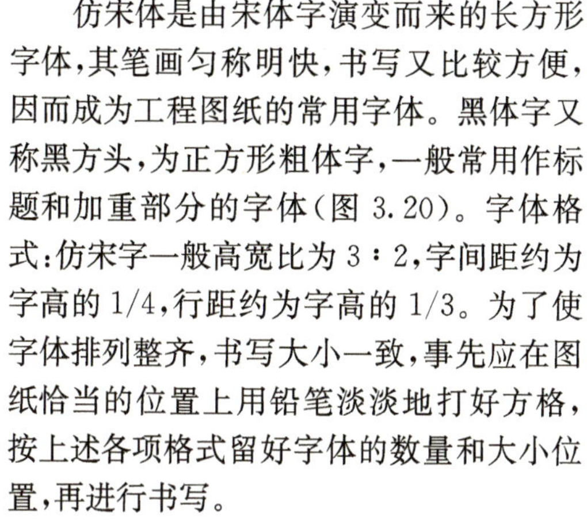

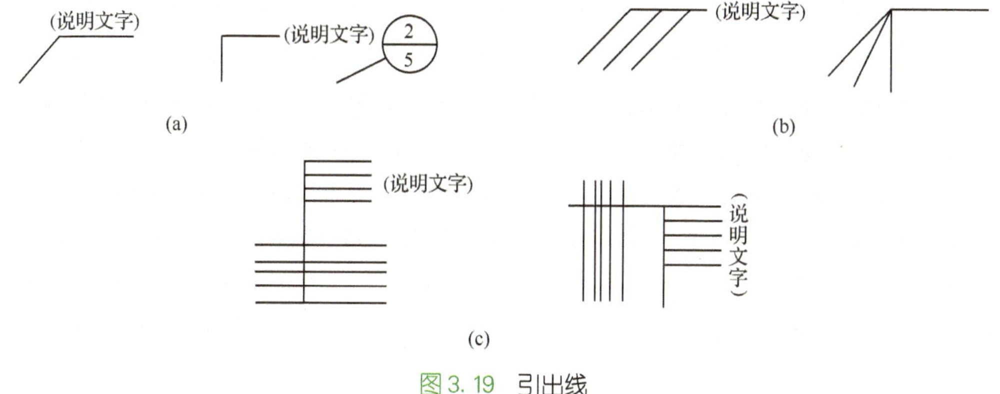

图 3.19 引出线

现代化建筑 现代化建筑 现代化建筑
宋体字 仿宋字 黑体字

图 3.20 制图字体

字体结构：一个字体，特别是汉字，如同一方图案，各种笔画要正确布置，形成一个完美的字体结构，其关键就是各笔画位置间的相互搭配。由此，必须做到各部分大小长短间隔合乎比例；上下左右匀称；各部分的笔画疏密要得当(图 3.21)。

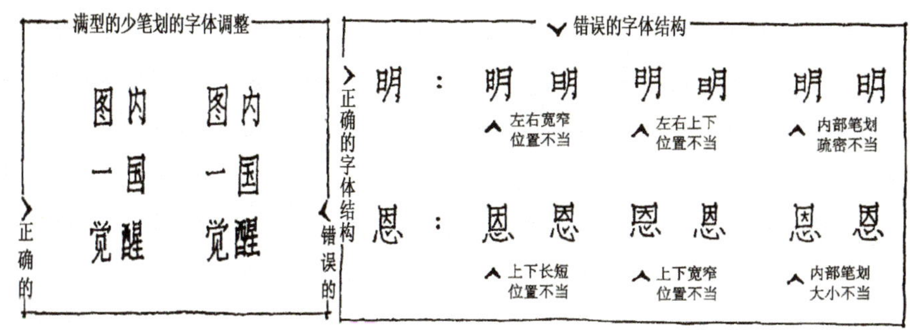

图 3.21 宋体字结构

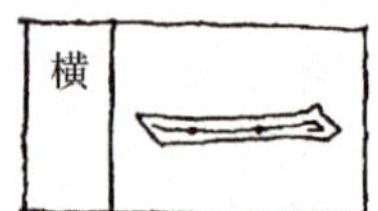

(a) 横可略斜，运笔起落略顿，使尽端成三角形，但应一笔完成

(b) 竖要垂直，有时可向左略斜，运笔同横

(c) 撇的起笔同竖，但是随斜向逐渐变细，而运笔也由重到轻

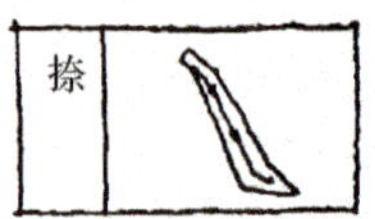

(d) 捺与撇相反，起笔轻而落笔重，终端稍顿再向右尖挑

(e) 点笔起笔轻而落笔重，形成上尖下圆的光滑形象

(f) 竖钩的竖同竖笔，但要挺直，稍顿后向左上尖挑

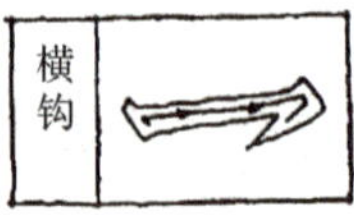

(g) 横钩由两笔组成，横同横笔，末笔应起重落轻，钩尖如针

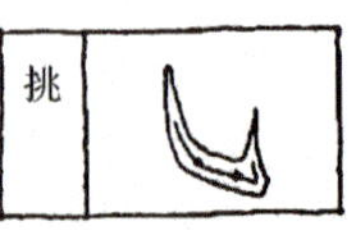

(h) 挑的运笔由轻到重再轻，由直转弯，过渡要圆滑，转折有棱角

图 3.22　仿宋字主要笔画的运笔特征

字体笔画：仿宋字的笔画要横平竖直，注意起落。常用笔画见图 3.22。

为了使字体排列整齐匀称，满型的字如“图”字、“醒”字等须略小些，而笔画少的字体如“一”字、“小”字等须略微大些。这样统观起来方能产生大小较为统一的视觉效果。

② 数字、拉丁字母。

拉丁字母的书写，同样要注意笔画的顺序和字体的结构，只不过它们曲线较多，运笔要注意光滑圆润。在一幅图纸上，无论是书写汉字、数字或外文字母，其变化的类型不宜多（图 3.23）。有的学生在图面上，甚至在一幅说明或同一标题上，也变化字体，往往使图面零乱而不统一，至于自己“发明”的简化字和奇形怪状的字，均须予以禁止。

图 3.23　字母数字运笔顺序

字体练习，要持之以恒。要领并不复杂，但要掌握并熟练运用，却需要严格、认真、反复和刻苦练习，要善于利用一切机会来学习，做到熟能生巧。

3.1.2　平、立、剖面图的配景图例表达

“Entourage”源自于法文，意思是指建筑物周围的环境，同时“Entourages”还有另一层释义，有“随从”、“陪衬”之意；另外“Entourages”一词加有的“s”，从语义上讲，表示“复数”，即有“很多”之意，在这里可理解为“设计主体的环境氛围烘托者”。在配景处理的分寸把握上，设计师与画家从事的艺术创作不同，设计师应将关注点放于设计的主题本身，而非精致的配景。在这里，重要的是掌握一套配景搭配的程式化方法，以保证能勾勒环境氛围来烘托主体，从而避免茫然不知从何下笔的尴尬。因为对配景知识的掌握重在运用而非配景本身。

1. 植物图例表达

树木是表现各种环境制图中最重要的一项配景。树木种类繁多，其枝叶叉杂、相互交织、有疏有密、形态多变，不易表现。但树木也有共同点：树必有干、枝从干长、叶从枝生；而树枝偏离树干的整体形状，树干和树冠的相互对比，是决定树木整体形状的因素，所以，绘图前必须对所表达的树木的形态特征有深刻而清晰的认识。从树干特征到树枝结构，从叶片形状到树冠整体，都应进行认真地观察、分析、研究，从而准确地掌握树木的造型特点，并概括出简单的轮廓线来表示各种树木的基本特点，同时，还要使线条与树木的特征相协调。例如，针叶树（松柏）可用线段排列表现树叶，而阔叶树则可用成片成块的面来表现树叶（图 3.24）。需要注意的是：不论何种树木，其画法应该和环境主体相统一。

图 3.24　各种树木的造型（摹绘：党渤）

（1）平面图中树木的表示

1）树木的平面符号。

树木在平面图中以有一定线条变化的圆圈作为符号来表示，象征着树冠线。符号可简可繁，最简单的可以是一个象征性的圆圈，最繁杂的可以是树木、树枝和树的形态相互缠绕、交织成的图形，一般常用的是由变化线条画出的圆圈来表示，以达到区别树木种类的效果（图 3.25）。在方案设计图中，树冠线符号只要能给工程施工提供依据即可。因此，要求表示的符号易简单明晰，能区别不同的树木种类、直观效果强即可。

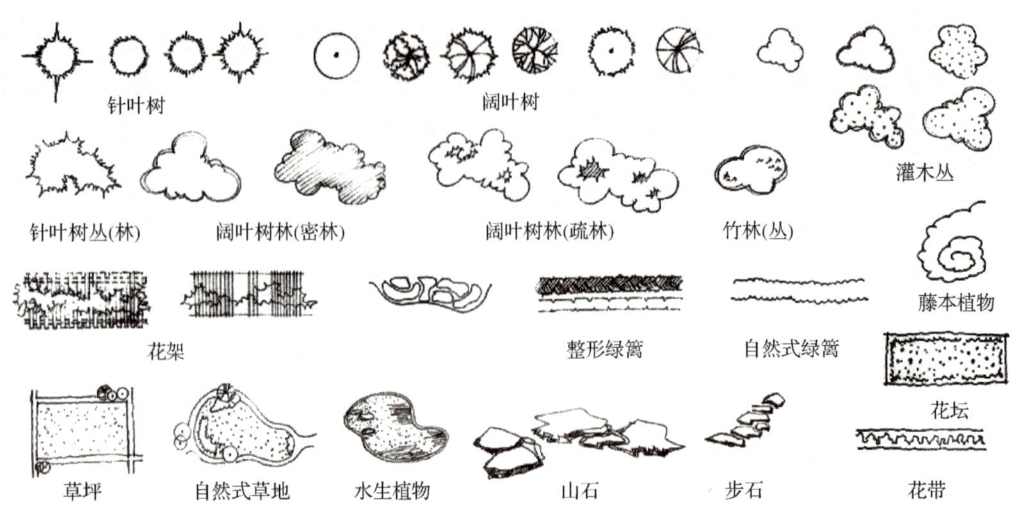

图 3.25 室外景观平面图例(摹绘:吴豪)

2）关于树木种类平面图的表示。

树木的种类,在平面图中是以树冠线平面符号表示的。在同一图样中,对不同种类的树木,树冠线平面符号应采用不同线条变化画出;树木种类相同,树冠线平面符号也应同步做到线条变化。对各类树木的表示,没有具体的标准可循。因此,树冠线平面图符号的变化线条一般是根据所表示树木的树叶形状进行推敲、抽象和简化(图 3.26)。

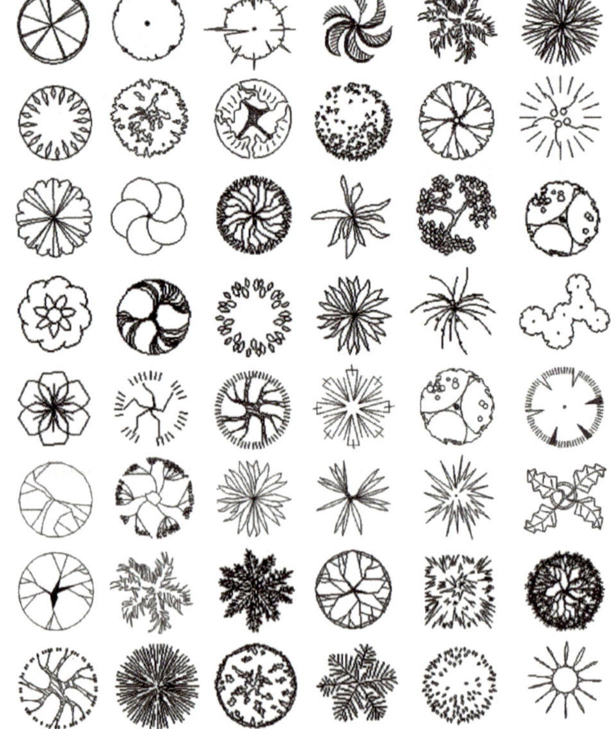

图 3.26 平面图中各种树的表达示例(摹绘:赵建勋)

3）树木形状的平面图表示。

在平面图上，树木的形状是通过描绘树冠线平面符号来表示的。对有些规则变化的树木，一般按比例用一定的线条描绘出象征性的圆圈作为树冠线平面符号；对不规则形状的树木，则按一定构思描绘出不同规则的树冠线平面符号。

4）树木大小的平面图表示。

不同的树木，其树干和树冠的大小也不相同，就是同种树木，树龄不同，其大小、形状也不相同。树木的大小，通常是用树木树冠线平面符号的大小来表示。对于某种树木或同一种树木的成形效果，应根据设计意图、图纸用途、图面要求来确定，但需根据树木应有的树干和树冠直径按比例画出。

对所示树木的成形效果，没有特别要求时通常从如下的几种方式考虑确定（图 3.27）。

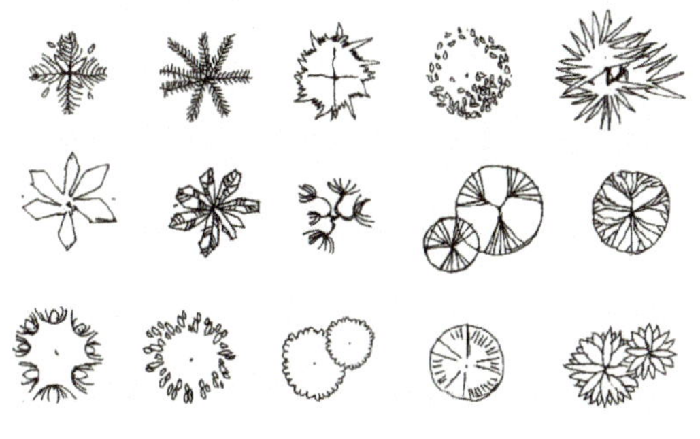

图 3.27 平面图中各种树的表达示例（摹绘：党渤）

① 若表示施工当时的成形效果，则按苗木出圃时的规格绘出。一般取干径 1～4cm，树冠径 1～2m。

② 若表示现状树，则根据现状实际成形效果，按比例表示。

③ 对原有大树、孤立树，可根据图纸的表现要求，将树冠径适当描绘得大一些。

（2）立面、剖面图中树木的表示

树木的种类繁多且姿态万千，各种树木的树形、树干、叶形、质感各有特点，差异很大。树木的这些特点，在表现树木的平面图中是反映不出的，而在树木的立面、剖面图中就可得到较精确的表现。立面、剖面图中通过对树冠形状、树叶特点、树木枝干的组合和大小以及树木的粗细、形状和长度等特点的描绘，使树木的特征、树枝的形态、树叶的形状及树冠的轮廓等特征得到更好的表现。树木在立面图上的画法，既可用以实物为对象进行描绘的写生法，也可用只强调树冠轮廓，省略细部或在细部位置以一些装饰性线条（类似图案）进行描绘的概括法（图 3.28 和图 3.29）。

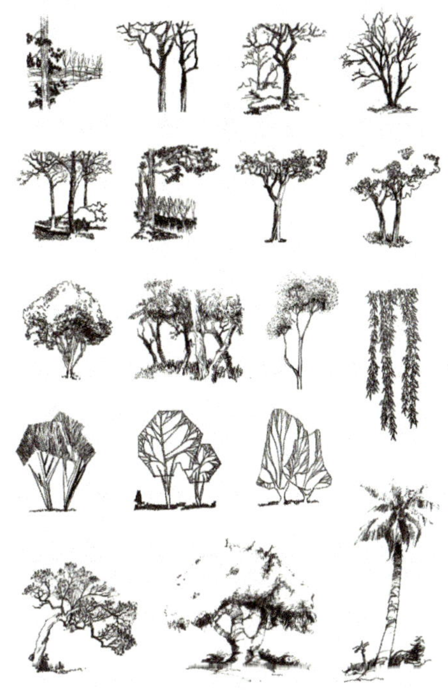

图 3.28 各种植物的常用表达（摹绘：张娟）

（3）灌木和花卉的表示方法

灌木是无明显主干的木本植物，与乔木不同，灌木植株矮小，近地面处枝干丛生具有体形小、形变多、株植少、片植多等特点。因此，灌木的描绘和乔木相似，但其各有特点。

在平面图上表示时，株植灌木的表示方法与乔木相同，即用一定变化的线条描绘出象征性的圆圈作为树冠线平面符号，

图 3.29　室内常用花卉表达(绘制:彭雅娟)

并在树冠中心位置画出“黑点”表示种植位置,对成片种植的灌木,则用一定变化的线条表示出灌木的冠幅边。绘图时,用粗实线画出树木边缘的轮廓,再用细实线与黑点表示个体树木的位置。画树冠线要注意避免重叠和紊乱,一般将较大的树冠覆盖于较小的树冠上面,而较小的树冠被覆盖的部分不画出,对常绿灌木则在树冠线符号内加画 45°细斜线表示。

2. 人物、车辆及指北针的表达

(1) 人物

人体是很难把握的,往往专职的人物画家也需要花费毕生精力来研究人体。但在室内外表现图中,人物作为配景的主要作用,在于表达场地的尺度和环境气氛。因此,对设计师而言,重要的是抓住人体大的动势特点以及人群在画面构图中的聚散关系。在学习方法上,主要是掌握中景人的画法。以此为基础,进一步学习如何对中景人稍加刻画细部而成为近景人,略为概括而成为远景人的表现方法。

在画人体的结构、形态时,可将人体理解为若干体块的组合。人体的各部分之间存在着一定的比例关系,掌握好这个比例关系,是画好人物的关键。一般在表现图中的配景人物,最常见的形态是站立或行走。基本站姿的人物画法有正面、侧面、背面三种。行走姿态人物画法在站姿人物画法的基础上,调整一下手和腿的动态即可。对远景人而言,一般取站姿,用笔上宜简炼一些;而近景人,则注意刻画一下人物衣饰;至于较近的能分清容貌的前景人,应根据画面需要来确定(图 3.30 和图 3.31)。

图 3.30　人物的画法(绘制:雷贵帅)

图 3.31　动态人物(绘制:雷贵帅)

(2) 车辆、天空

作为工业产品,"车"的造型始终随时代的发展而产生不同的变化,但从功能结构和体量关系上看,至今基本保持着相对的稳定性。画车辆时,应注意现代车型设计的两个特点:一为流线型,二为水滴型。流线型使车的外轮廓线呈圆弧状,水滴型使车在整体上表现为前低后高,车窗稍向前倾斜。总之,画车时应该把握大的形体关系,再按车型不同对车身的倾斜关系作局部的调整。

车的画法分以下几步:

第一步:一般可将车身侧立面网格竖向分为三等分,横向分为四等分。$b\approx 2.5a$,车长为 $3.7b$,车高 $3a$。

第二步:车头 $1b$,车前窗向后倾斜,后窗宽大致为 $0.5b$ 位置在 $3b$ 处略向后靠,车底盘距地为 $0.5a$。

第三步:车轮侧板上边缘距地约 $1.5a$,车轮胎侧面嵌入车身一些,不与侧板平齐。

第四步:防撞杠伸出,下部稍向内收进,并画出细部(图 3.32、图 3.33 和图 3.34)。

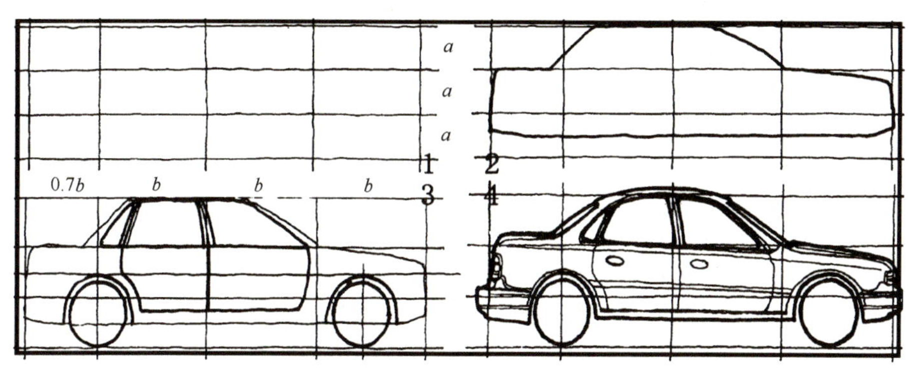

图 3.32 车的画法

图 3.33 车辆的各种表现方式(绘制:张牧欣)

图 3.34 车辆的各种表现方式(绘制:李蔚青)

初学者中常出现汽车"漂浮"在空中、扭曲等问题,主要是由于没有根据表现图的透视关系,来适当确定车体网格控制线及尺寸所造成的。由于表现图中的车都不大,不同车型在体量上的差异也就较小,在画汽车时,只要稍加留心,就不难得出这样的结论:车的类别主要表现在车头上。多收集一些车头的细部设计资料,会帮助我们表现出更丰富的配景车来。

室外环境中天空、船、火车、飞机等也是在作图时常会遇到的配景。另外,其他的配景还包括地面、水面、花絮、路灯、喷泉、雕塑、远山、建筑小品等内容，只要平时细心观察、多加练习，就能画出美好配景，这里不再一一举例(图 3.35)。

图 3.35 室外环境配景(绘制:陈思捷)

总之，室内外配景的画法不单单是人、车、树等配景的逐一表现，更重要的是配景间的组合模式。往往同学们感觉配景太难画了，认为只要主体画好了，配景随便添加即可。实际上没有好的配景作烘托，设计主体的表现效果也会打折扣的。而在表现图中，配景其实为数不多，但传达给观众的信息却是很丰富的。

第二节 环境艺术设计方案表达的基本形式

3.2.1 环境艺术设计的推敲性表达基础

1. 草图表达

草图是在设计构思之初在图纸上的“勾勾画画”，是设计师寻找灵感、打开思路的开始。草图并不是最终的成稿，通常也不会提交给业主，它是设计者用来记录思维过程、反复推敲设计方案以及和设计团队相互沟通的一种方式。正因为如此，草图不需要刻画设计的全部细节，而是重点表达整体的构思、空间关系、造型、创意等。以瑞士建筑师伯纳德·屈米为法国巴黎拉维莱特公园国际设计竞赛绘制的方案草图(图 3.36)为例，在 9 种不同的思路中，他最终确定的是“Follies”方案。即在大片绿地上规则地摆放着国际象棋般的红色构架。他认为 21 世纪的城市公园应该采用有别于传统公园的形式，利用作为媒体的建筑学来提高法国的国际声望。从传统意义上讲，他的设计并不很“建筑”，如果将其描绘为“有趣的片断或部件的构图”也许更合适，但正是这种出奇制胜的思路，使其在 470 个竞赛方案中获胜(图 3.37)。当然，如果在一个设计方案中设计师的目的就是要突出某个创意性的细节，并运用这个细节来作为整体设计的亮点，那就需要在草图的图纸上清晰而适当夸张地去刻画这个设计部分。

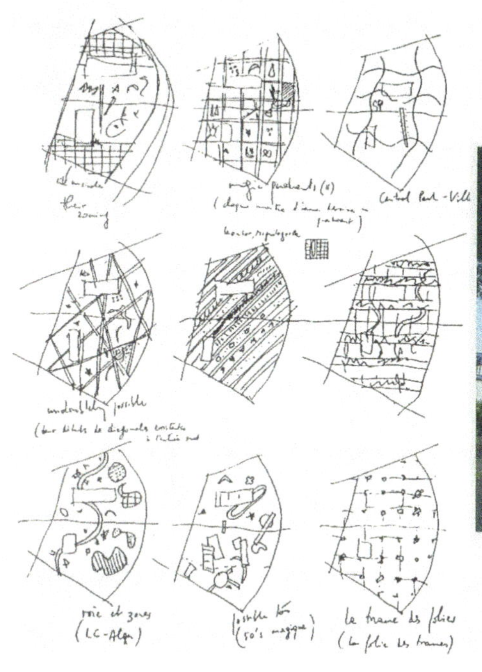

图 3.36　伯纳德·屈米公园设计草图及实景

草图的表现方法很多，用铅笔、钢笔、针管笔、马克笔、彩色铅笔等多种工具都可以绘制草图。无论采用何种表现技法，重要的是能快速地表达出头脑中一闪而过的灵感，而不必拘泥于线条的描画和图面的美化(图 3.37 和图 3.38)。

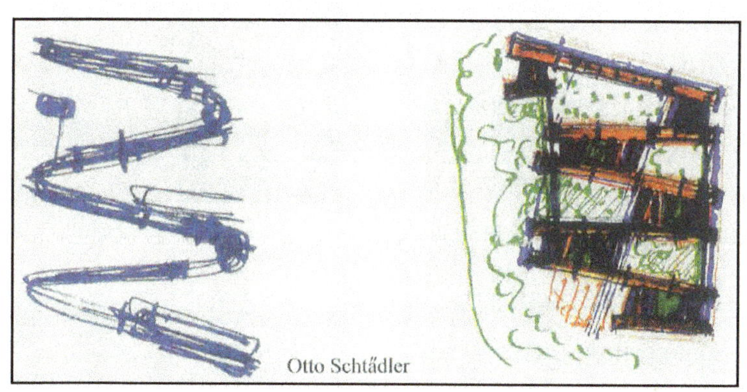

图 3.37　德国著名建筑师奥托施太勒第一次来北京时对北京的院子印象深刻，他以院子作为母题为北京创作了题为“北京印象”的居住社区。草图反映出作者对关键问题的敏锐捕捉，周边道路的走向导致了建筑群生动的布局方式，而院子则体现了北京传统建筑的格式塔关系

2. 方案研究性模型

方案研究性模型主要用途是分析研究设计方案、表现设计成果。与草图表现相比，方案研究型模型则显得更为真实、直观而具体，由于具有三维空间的表现可以进行全方位观察的优势。所以，方案研究性模型对于表现空间造型的内部结构关系以

图 3.38 Peter Edgely 作品构思深入阶段

图 3.39 研究性模型，多以体块表达设计概念(1)(摄影：胡男兮)

图 3.40 将方案以横向和纵向的空间关系的推敲表达(2)(摄影：胡男兮)

及外部环境关系方面效果尤为突出。

环境艺术设计有很强的"过程性"，不同阶段设计任务各有侧重。由此，可以将方案研究性模型的制作分为两个阶段：构思阶段，模型可以没有任何具体的形态，只有几个或若干个点、线、面、体所组合成的构成关系。这一阶段的模型可以是对总体环境布局的整体规划，也可以是对建筑形态的粗略塑造，还可以是对若干个建筑之间空间位置关系的推敲，甚至可以是对环境中的整体空间形态研究(图 3.39 和图 3.40)。制作阶段，主要任务是建立和推敲方案的整体关系，对于环境景观中的节点、建筑立面上的细节、室内空间中的细部都可以暂时忽略。当设计方案的整体关系基本确定后，方案需进一步深入，研究性模型表现时也需要跟随着设计的进程，用三维的实体形式表现设计方案，以便对设计方案进行分析(图 3.41 和图 3.42)。

图 3.41 方案深化模型，将需要深化的内容细致刻画(1)(摄影：胡男兮)

图 3.42 精雕细刻的三维空间规划模型(2)(摄影：胡男兮)

当然，此类研究性模型也有自身的弊端，由于模型大小的制约，观察角度多以俯视为主，过分突出了第五立面(屋顶)的地位作用. 从而有误导之嫌；另外，由于具体操作技术的限制，模型在细部的表现方面有一定的难度，这也是在进行方案设计时应注意的问题。

3. 计算机辅助表达

计算机正以亲和的人机界面和分析模拟、检验、修改、复制等的强大功能为设计人员提供了广阔的艺术创作空间。计算机在帮助环境艺术设计语言的表达中，可以逼真地表现建筑的形象、室内外空间环境、城镇规模与环境空间的关系及物体的质地、光影、色彩、甚至动态效果。例如，SketchUp软件(又名“草图大师”)，就是一个建筑景观专业的 3D 建模软件，由于运行速度较快，操作较方便，深得业内人士喜爱。

计算机的辅助设计，可以激发设计师的灵感，帮助发展原始的设计构思；并且构思方案还可以随时以线框模型的形式在屏幕上显示出来，对设计体块、空间的推敲有着很妙的功效。相对于推敲性模型而言，速度是计算机辅助表达的第一优势；另外，除了可以完成传统的人工绘画绘图、图形设计及施工图的快速精确的表达以外，还可以与动态影视表达结合起来。将设计预想的形象与环境艺术效果，按照电影、动画的表达模式以连续、多角度、多层面地播映，更有助于方案的推敲和体现(图 3.43)。

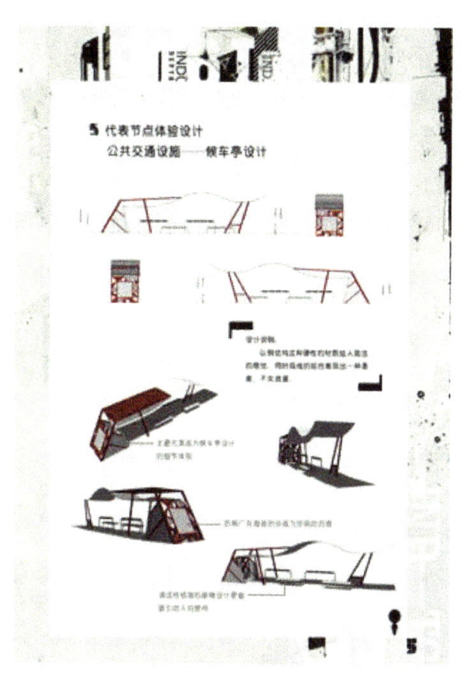

图 3.43 借助计算机辅助完成的候车亭设计方案(设计：张娟)

在电脑越来越多地应用于设计领域的今天，许多设计初学者越来越深地陷入不作为的泥潭；拒绝速写训练、拒绝手绘训练，并且振振有词地引入电脑作为论据，认为手绘慢，一切都等待电脑解决，甚至到了本末倒置的地步，把最初创意阶段也用键盘和鼠标信手点来。这是一种错误的认识，在这里要强调的是不要让“电脑”支配了“人脑”的思维。环境艺术设计的创作不是靠电脑机械的公式计算就可以替代的，没有好的创意、扎实的绘画基本功和较高的审美素养，所绘电脑效果图的表现力和艺术性也会严重“缩水”。因此，要正确认识计算机辅助表达的功用，合理并恰当地运用于环境艺术的创作过程中。

4. 综合表现

所谓综合表现是指在设计构思过程中，依据不同阶段、不同对象的不同要求，灵活运用各种表现方式，以达到提高方案设计质量之目的。在方案初始的研究布局阶段采用方案研究性模型表现，以发挥其整体关系、环境关系表现的优势；而在方案深入阶段又可采用草图表现，以发挥其深入刻画之特点等。例如，印度齐普尔市的城市规划是按照古印度梵语经典著作中规定的法式制定的(图 3.44)。其空间格局由九个正方形组成,因市内有一座小山,不得已将其中的一个正方形移到了东面。印度设计师柯里亚设计的齐浦尔(JAIPUR)博物馆直接采用了这种空间模式并将分离出来的正方形稍加旋转,借此造就了博物馆的主入口,另外八个正方形分别以不同的星象象征不同的意义。在这里建筑的母题与城市的母题同构,极易唤起人们对其城市文化及传统宗教的联想。柯里亚的草图清楚地展示了设计者的思维脉络,而进一步深化的设计则是用电脑制作的 CAD 平面图和模型来展现,这也是现在较为常用的一种表达方式。

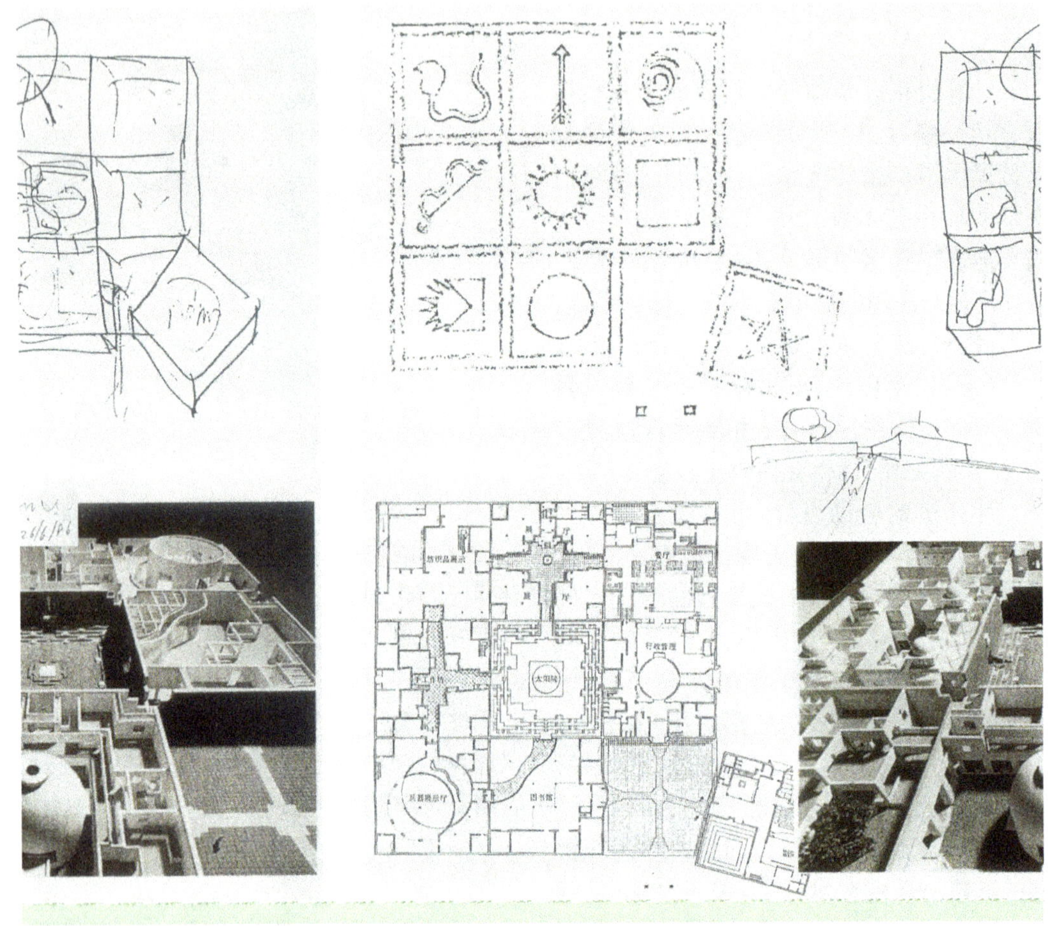

图 3.44 构思设计不同阶段的综合表达(印度 柯里亚)

3.2.2 环境艺术设计的展示性表达基础

展示性表达是指能完整、准确展现设计师设计方案的表达方法。能展现设计方案的“载体”很多,比较常用的基本形式大致有:三视图、施工图、效果图、展示性模型、文字描述的表达等。

1. 三视图

三视图分为正视图、侧视图和俯视图。三视图是绘画表达方法由感性走向理性,并由徒手绘画转向尺规绘图(或电脑绘图)的重要方法。由于三视图是从不同方向来看物体的三个正投影图，以严格精确的尺度为依据，以遵守制图规范等的原则。因此，三视图是从艺术构思表达走向施工规范的思维表达，是将设计构思付诸工程实际的图面语言表达。

2. 施工图

无论是草图还是效果图都是方案阶段的表达方式，要进一步深化设计并将方案转化为直接指导施工的图纸，就需要设计师具备绘制施工图的能力。准确地说，施工图绘制是从项目的初期一直延续到项目施工完成的技术性工作。如果说设计草图或效果图可以带有一定的艺术性，其线条、笔触、构图、色调可以在一定程度上反映设计师的绘画功底和艺术修养，那么施工图则强调准确性和规范性。从图幅尺寸、版式、线条类型到标注方式、图例符号等都必须严格遵守制图规范，不能随意发挥和臆造。

施工图是在对“设计物”的造型或整体布局、结构体系等大体定位的基础上再重点考虑材料、技术工艺措施、细部构造的详细设计与表现的。施工图应包括总平面图、局部平面图、立面图、剖面图、节点大样图、局部构造详图及有关的各种配套图纸和说明。由于施工图是把艺术创作设计形成的形象与空间环境通过技术手段转化成现实中的事物形象与空间环境，故也是由理想转化为现实的过程，要求在具体绘制表现之前，对材料制作工艺及内在结构关系均须进行分析、研究、计算，设计人员必须考虑具体施工过程中的技术、工期、造价、安全等系列问题。要求施工图正确无误，以便能将设计能够最终顺利地变成现实，并避免发生事故，造成不应有的损失。环境艺术设计、建筑设计、公共艺术设计等设计专业都是通过工程图的表达方法，将艺术设计由构思走向实际项目的实现的。

目前，施工图基本都是用CAD、天正等电脑软件来绘制。图3.45、图3.46和图3.47为某五星级酒店一层茶餐厅平面、吊顶、立面施工图纸。从中可以看出，施工图在设计表达中的重要作用——建筑工人将严格按照设计人员所绘制的施工图纸来进行施工。因此，工程每一个细节的位置、尺寸、颜色、材料、施工工艺都要在施工图上绘制出来。

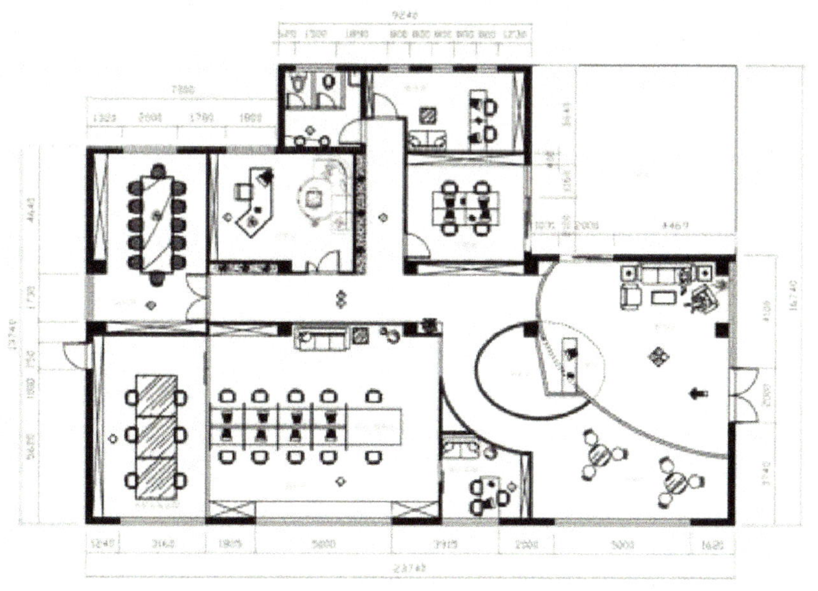

图3.45　某酒店一层茶餐厅平面图(绘制:吴豪)

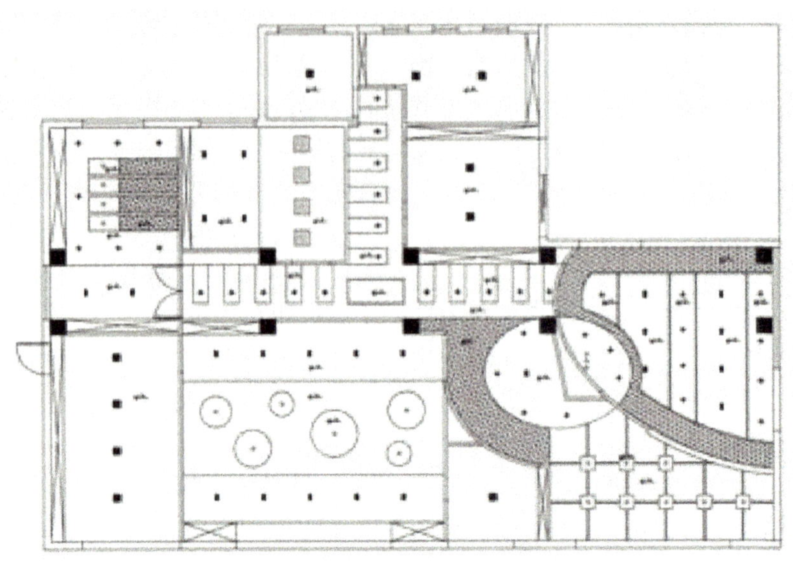

图 3.46　某酒店一层茶餐厅吊顶图(绘制:吴豪)

图 3.47　某酒店一层茶餐厅立面图(绘制:吴豪)

3. 效果图

效果图就是设计者将设计意图和构思进行形象化的再现。有其自身的特点及优势,其一是效果图的直观性。效果图是最能直观生动地表达设计意图的,是将设计意图以最直接的方式传达给观者的方法,从而使观者能够进一步的认识和肯定设计者的理念与思想。其二是效果图的普遍性。效果图已经成为设计行业中的“通行证”或者说是行业内的“货币”,可以很方便的进行各种各样的流通,从而形成了一种观念:“要让我看你的设计,那就等于是看效果图”。没有效果图,就说明没有设计。渐渐地原本只是属于表现设计师构思的一个阶段性或是设计方案一部分的效果图,却成为了设计方案的总“代言人”,成为了设计方案成功与否的必然条件,成为了设计竞争中的最重要的比拼内容。故对于效果图的制作效果的优劣,绘制水平的高低,其意义更大。常见的效果图绘制的分类大致有以下几种。

(1) 依据表现工具分类

效果图的表现工具、手法很多。依据所用的工具不同可分为手绘效果图和电脑效果图。电脑效果图就是通过 3D、Photoshop 等软件做一些相关的环境模拟图。手绘效果图是利用透视的原理借助多种表现工具(如彩色铅笔、马克笔、喷枪等)在图纸上进行创作,来展现设计的预期环境效果。目前,也有一部分设计师尝试将电脑与手绘相结合,用相关软件在手绘的透视图上进行着色或渲染,也取得了较好的效果。

1) 手绘效果图。

在初步方案完成之后,为了能更加清晰地表达出设计的主要内容和关键点,设计师往往需要绘制相对详细的手绘效果图。手绘效果图的作用之一在于帮助设计师更清晰地认识空间,发现空间设计中的不足,发现设计中的比例与尺度中所存在的问题,以便于进行深化设计和必要的修改;同时,还有助于设计团队之间更好地沟通设计方案中的问题和不足。手绘效果图的作用之二还在于大多数业主都没有相关专业背景,很难通过阅读平面图、立面图等专业性较强的图纸想象出空间的形象,而手绘效果图则能较为直观地、形象地反映出空间的特点和设计的意向,帮助业主理解设计师的意图,进一步促进两者之间的沟通。手绘效果图的优点在于工具简单、绘制迅速、易于携带,能够将设计的方案直观地表达出来,但线条、颜料、马克笔等工具绘制的效果图缺乏真实性是其缺点,对于非专业人士来说,还是不容易准确把握未来空间的真实形式。手绘效果图的表现方法也很多,可以利用铅笔、针管笔、马克笔、彩色铅笔、水彩、水粉、透明水彩、色粉等诸多材料来表现。在表现方法上可根据不同的表达目的突出重点。比如,可以侧重表达环境空间或表现色彩的对比关系,还可以侧重渲染整体气氛或强调某个独具特色的结构创意。手绘效果图是环境艺术设计专业的重要专业技能,其技术的熟练程度和表现能力将直接影响到设计者能否顺利地使用“图纸”的语言表达出自己的设计意图或直接决定工程项目的成败(图 3.48～图 3.51)。

图 3.48　钢笔水彩手绘效果图(绘制:张牧欣)

2) 电脑效果图。

电脑效果图是当前环境艺术设计行业中运用最广泛、最流行的设计表现方式。先是 1993 年出现的 3DMAX 的前身 3DS,

图 3.49　马克笔快速表现(绘制:程丽香)

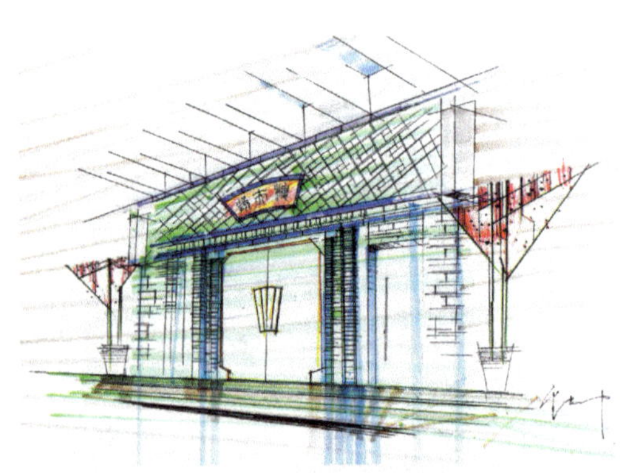

图 3.50　手绘效果图(1)(绘制:雷贵帅)

图 3.51　手绘效果图(2)(绘制:雷贵帅)

后来逐渐发展为 3DMax. X. X，同期出现了 Photoshop 的前身 Photostyler，使后期图片处理成为了可能。从此，设计效果图逐渐走向电脑化。因其表达效果较真实，无论是专业人士还是项目的业主或投资商以及其他非业内人士，都能够通过电脑效果图模拟的场景想象到未来的真实环境。当前的电脑效果图的表现也趋于细分化，有的倾向于尽可能地展现一个真实的环境空间场景，并对场景中任何细节都力求真实再现(图 3.52)；有的则更倾向于用较为概念和抽象化的手法来表现其效果(图 3.53)。设计者可根据不同的需要来选择不同的方式。例如，在家庭装修项目设计中，所面对的业主大多不是从事设计的业内人士，而且十分关注自己未来的“家”是什么样子，在这种情况下采用真实性较强的效果图更适合他们了解设计的最终效果(图 3.54)。而在一些国际竞赛或概念性设计项目中，采用概念性、模型化的电脑效果图则更能充分表达出设计者对环境、建筑、空间本质创造性的思考以及设计者独特的表现意向。

图 3.52　客厅电脑效果图，细节丰富，空间效果逼真（设计：黄文珍）

图 3.53　较为概念与抽象化的客厅电脑渲染效果图（设计：赵建勋）

图 3.54　客厅电脑效果图，直接反映环境的特征和风格（设计：陈思捷）

(2) 依据透视角度分类

在效果图的制作过程中，从不同视点选择角度来说，常用的图纸又可分为人高视图、鸟瞰图和仰视图、轴测图等。

1) 人高透视图(一点、两点透视)。

人高透视图是以施工图、空间透视原理和绘画技巧为依托，在二维平面上设计、表达出事物形象的三维体量及空间环境关系，以人的视平线高度为基准的三维视觉效果图。图面出现的效果与平常人所观察到的景物角度较为相似，有一定的亲切感。在人高视图中，根据视点选择的角度和透视中灭点数量，又可分为一点透视图和两点透视图(图 3.55 和图 3.56)。

图 3.55　一点透视效果图(设计：党渤)

图 3.56　两点透视效果图(设计：张娟)

2) 鸟瞰图、仰视图(三点透视)。

鸟瞰图和仰视图都属于三点透视。鸟瞰图是在总平面图或平面图基础上．从设定的空间高度上面，选择一定的角度俯视设计物以及空间环境所得到的视觉画面(图 3.57)。鸟瞰图即俯视图，它用来表现设计物在大环境中的整体布局、地理特点、空间层次、结构关系等一系列具体的特定设计，它是表现环境艺术设计整体关系的效果图。仰视图是在总平面图或平面图基础上，从设定的视平线上定好视点，选择一定的角度仰视设计物以及空间环境所得到的视觉画面，适合于表达高耸的视觉效果(图 3.58)。

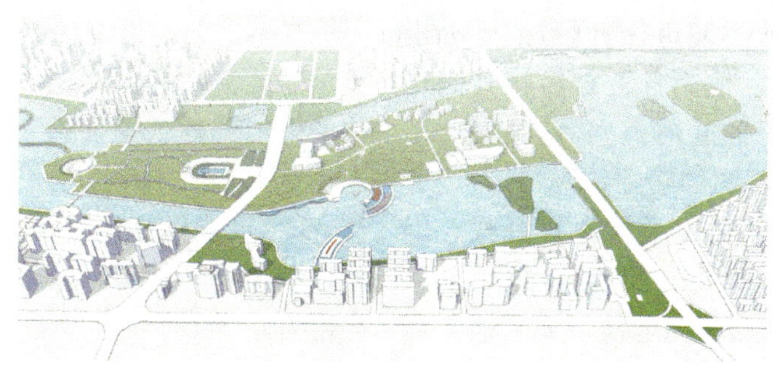

图 3.57　鸟瞰图(设计：张牧欣)

图 3.58　仰视图(摄影:吴豪)

3) 轴测图。

一种区别于一般透视规律、具有创造三维空间的一种独特的轴测投影画法,也可反映环境艺术设计整体关系。轴测图与鸟瞰图相比具有绘制便捷的优点,但容易失真,视觉效果欠佳(图 3.59)。

图 3.59　轴测图(绘制.彭雅娟)

4. 展示性模型

将创作设计的理想化阶段，按照一定的比例关系缩小，使用各种材料将其制作成具有空间效果的立体模型，它是表现手段的立体化，工程图的实际仿真，具有显著的手工艺性质和真实可信的直观性。因此，它同样具有广泛的使用价值(图3.60)。展示性模型一般用于商业展示或者展览会(房产会)上，这一类模型主要的目的是将环境艺术设计通过三维实体模型以十分直观的、具有一定艺术性的形式展现出来，尽可能真实地展示出设计的最终效果。这类模型需要注重场景中的每一个细节，从整体的规划到建筑立面造型，从场地的地形起伏到绿化水体，甚至于汽车、灯柱等配景，都尽可能做到形象逼真。有些展示模型还利用灯光、声效等手段进一步增强其表现力。

图3.60　展示模型，目的是直观地展示项目未来的环境效果(摄影：张娟)

第三节　图纸设色的方法、绘图程序、要领及常见错误

3.3.1　图纸设色的方法

凡是以色彩进行表现的任何画种，其色彩的理论知识都是一致的。但各画种因工具材料、功能作用及其性能的区别，对色彩表现的要求也不一样。油画、水彩、水粉等一些纯绘画性的作品是以欣赏为主，在色彩的表现技巧中，主要运用色彩的色相、明度、纯度、冷暖关系及色彩谐调等知识，进行写生或创作，在画面取得谐调的前提下，对色彩中补色和冷暖对比色的运用技巧的高低，是作品中色彩成功的关键。

宣传画和商品广告，都有其明确的目的，画面选取以鲜艳、强烈的色彩为主，舍弃很多中间层次的色彩，并用夸张对比的造型艺术手法，刺激观者的视觉和心理，以达到预期的效果。工艺设计多数为产品或商品服务，根据不同的品种，惯用明丽醒目的色彩，并采取略具抽象或装饰性的手法，以色块、线条、晕染等技巧唤起人们视觉的共鸣。

室内外效果图专为环境艺术设计方案

服务。其造型近于写实，而表现手法兼绘画和工艺设计技巧的双重性，色彩也须在写实、抽象和装饰性之间经营出最佳的表现形式。在此过程中，应追求色彩的单纯和谐调，舍弃复杂纷繁和强烈刺激的色彩效果，侧重冷暖色彩的运用，简化补色因素。

室内外效果图应在统一谐调，柔和单纯的概念中寻求色调，以合适的色调表现其设计的主题。

1. 色调

色调，即画面总体倾向的色彩效果。这种色彩效果，是在某种或数种色彩整体的处理中产生，使画面上的各种色彩在种种色彩因素的相互作用中，组成有明显倾向性的色彩感。

由于地区种族、文化信仰及习俗等的不同，不同地域的人对同一色彩或色调的感受也不一样；此外，色彩或色调还能对人们的视觉或心理营造出种种不同的氛围，并在人的内心中形成一种共鸣。色彩中以红、橙、黄等暖色系组成的色调，显得热烈、繁荣、富丽、豪华；以青、蓝冷色系组成的色调，呈现清丽、平静、抒情、典雅；以绿、紫中间色系组成的色调，展示出温和、丰富、朴素、安宁。有了这些感受，可以从大致相同的习惯来分析和判定色调在环境表现中的运用。

政府行政机构、办公室、纪念馆、纪念碑等地，有严肃而又庄重的属性，色彩宜用偏暖偏灰的色调，可表现出其肃穆端正或雄壮伟大的精神。商场、歌舞厅、娱乐场等场所，为热闹活泼的空间，色调可用较暖较艳的明亮色彩，以显示其繁荣丰茂或华丽活跃的使用特点。住宅、别墅空间是人生活和休息的地方，色调可用偏冷的鲜丽色彩，以营造静谧幽雅或舒适安宁的环境。一些主题性的自然博物馆、地质博物馆等，是人们吸取知识的公共场所，色调可用暖灰色，能体现丰富博大、稳重与和谐的意蕴。

人们日常生活的卧室、起居室，主要功能为休息，色调可用中间色系为主，使人们在休息时能感到温馨亲切、舒适惬意。有条件者，还可就季节的变化而改变室内的色调，冬寒夏暑气温悬殊，若冬日的主要陈设改用暖调，夏日的布置改用冷调，生活的天地会另显一番情趣。商场内的环境，人货共存、人流如梭、货物层叠，色调宜在暖中降温，以中间色调为主，使其与艳丽夺目、丰茂繁杂的货品互为呼应。歌厅舞厅的外观已缤纷灿烂，室内可选用中间偏冷色，在光色变幻的动景中，制造一片朦胧而神秘的氛围……

上述种种，并非定律，仅是一般常识而已。色调除涉及上述因素外，还得考虑建筑所处的地理位置和周围环境关系等因素。所以，应因地因景而异，才能做到尽善尽美。色彩、色调的知识运用得当，其魅力无限，能直接震撼、触及人的视觉和内心；而滥用色调，势必会粗俗平庸，低劣失真。

2. 谐调

谐调即调和，要达到谐调的目的，应妥善运用色彩的均衡、对照和照应的知识。

(1) 均衡

均衡就是把包括明度、纯度和色相在内的色彩属性，就其在画面上所占的面积互作比较；同时，又要把各种色彩所含的冷暖因素及其所属品质（如华丽、朴素、光滑、粗糙等感觉）也在画面上作以比较。在这些比较中，有时候是画面上各种色彩所占的面积基本相等，所含的各种因素、品质也大致相同，即等量等质的比较，这时色彩必然均衡；有时是画面上各种色彩所占面积大小悬殊，这就要在悬殊的面积中调整色彩明度、纯度和色相的比例，改变其品质，使大面积的色彩对比、品质减弱，小面积色彩的对比、品质加强，这样也可得到均衡的效果。

(2) 对照

当画面色彩在处于均衡的情况下，找出其相应性，采取措施，求得谐调。这种方法是在各种色彩的因素、品质优劣差距甚大的情况下作对比，如明与暗对比就是运用大面积亮色包围小面积暗色，或大面积暗色包围小面积亮色的手法；又如冷与暖对比，运用大面积冷色包围小面积暖色，或大面积暖色包围小面积冷色的手法。还可采用纯和浊、艳和素等对比手法，以求得在这些对比的总效果中达到谐调。

(3) 照应

照应是指色彩与色彩间的类似关系。要求画面上的某种色彩整体地统治画面，或割裂的分布在画面上，不论整体统治或割裂分布，彼此都有从属和依存作用。那么，画面色彩必为相互关联，从而形成了画面的主色调；主色调既定，画面即谐调。均衡、对照、照应是探求色彩谐调的三要素，色彩既已谐调，色调自然产生。

3.3.2 绘图程序

1) 整理好绘图的环境，清洁整齐的工作区，有助于绘画情绪的培养；为使绘图人员轻松顺手，各种绘图工具应齐备，并放置于合适的位置(图 3.61)。

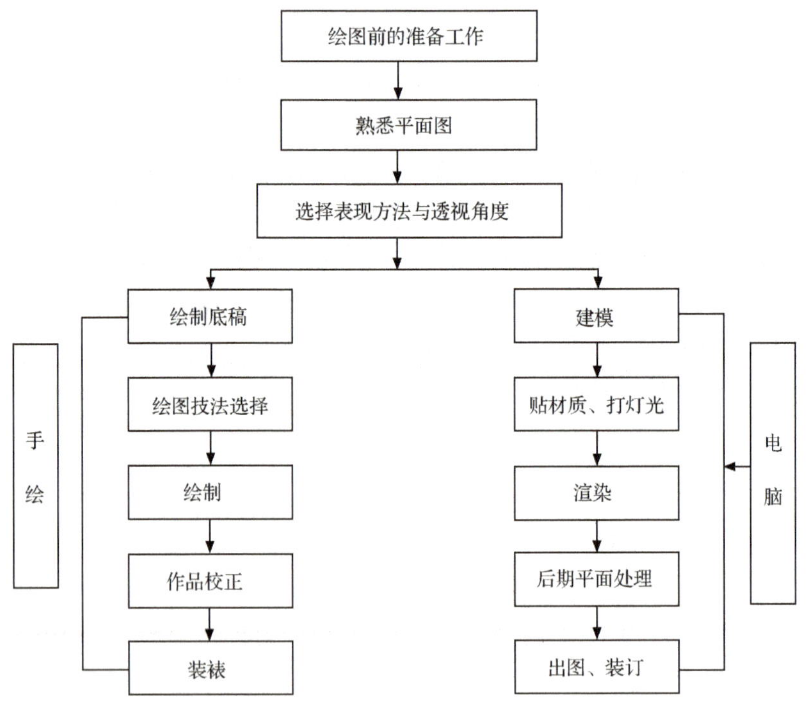

图 3.61 绘图程序(绘制:屈梅)

2) 对室内、外平面图的设计进行深入的思考和研究。充分了解委托者的要求和愿望，如经济方面的考虑及材料的选用等。

3) 根据表达内容的不同，选择不同的表现方法和透视方法、角度。例如，是用电脑表现还是用手绘；是选择一点平行透视还是二点成角透视。通常应选取最能表现设计者意图的方法和角度。

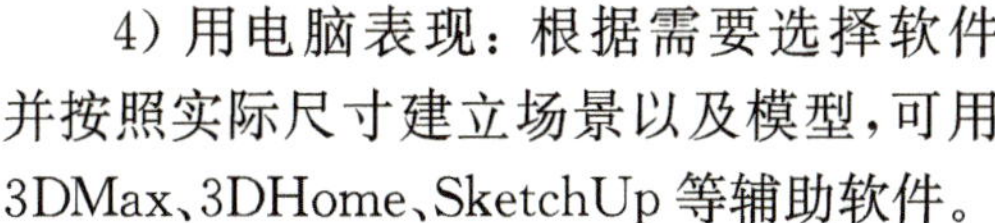

4）用电脑表现：根据需要选择软件并按照实际尺寸建立场景以及模型，可用3DMax、3DHome、SketchUp等辅助软件。

用手绘表现：用描图纸或透明性好的拷贝纸绘制底稿，准确地画出所有物体的轮廓线。

5）用电脑表现：根据设计的内容给模型赋予材质，并在虚拟场景中设置灯光。

用手绘表现：根据使用空间的功能内容等因素，选择最佳的绘画表现技法。例如，依环境氛围为出发点，是选择韵味无尽的水彩表现，还是选择超写实的描绘手法突出质感的色粉表现；按照委托图纸的交稿时间，决定采用快速马克笔表现，还是其他精细的表现技法。

6）用电脑表现：根据需要选择相应的渲染的软件（如3DMas、Lightscape、VRay等）对场景进行渲染。

用手绘表现按照先整体后局部的顺序作画。要做到整体用色准确，落笔大胆，以放为主。局部小心细致，行笔稳健，以收为主。

7）用电脑表现：将渲染完毕的场景，选择好适当的角度导入到Photoshop软件中做最后的图面效果处理。

用手绘表现：对照透视图底稿校正，尤其是水粉画法在作画时其轮廓线极易被覆盖，须在完成前予以校正。

8）用电脑表现：把电脑中做好的虚拟场景打印出图并装订。

用手绘表现：依据透视效果图的绘画风格与色彩，选定装裱的手法。

3.3.3 各类表现技法的要领及常见错误

1. 手绘

快速设计的表现，是环境设计中一个非常重要的环节。一般而言，首先要根据设计方案中的各平面、立面等二维空间的图纸，生成一个三维空间的视图。然后，再对三维效果形象进行表现。从二维平面生成三维空间视图（一般会采用带有远近关系的透视效果），需要掌握透视图画法的原理。当然，在快速设计中，不需要将所有的设计细节都按严格的几何制图法去完成透视的转换，而是将重要的、决定性的内容或重要的辅助定位线，用透视作图法精确求出，部分细节可以根据透视效果的规律快速直接表达出来。这样，可以在较短的时间内完成透视图框架，将时间留给设计的其他环节。

透视图勾画出建筑空间、立面的主要结构关系，建立起相对完整的形体构架。然而，这仅仅表达了设计的空间关系，而对更进一步的材质、空间效果、整体氛围的表达，还需要借助一定的绘画手法进行表现。

（1）铅笔表现方法

铅笔表现，是所有绘画表现方法中最基本的手段。虽然铅笔只能表达有黑白灰的明暗对比关系，却同样可以具有非凡的表现力。一般绘图铅笔按软硬度区分，H表示铅笔的硬度，有1H～6H之分，数字越大硬度越高；B表示铅笔的软度，有1B～6B，数字越大表示软度越高。H、2H或HB硬度的绘图铅笔一般用来打底稿、勾勒草图与轮廓，2B～4B用来表现暗部或有灰度的区域，5B、6B用于图中较重部分的表现。各类铅笔表达效果各不相同，用笔时的轻重缓急、力道变化等绘图技术需多加练习，仔细体会，应各种笔触、效果的协调配合，才能使画面达到既精致细腻又不失概括写意的艺术境界。铅笔表现法在快速设计中能有力地配合设计创作，使之具有朴实、单纯之美。

（2）钢笔表现方法

钢笔表现是墨水借助于钢笔来表现设

计效果的一种形式。与铅笔表达不同的是，钢笔表现的黑白、明暗对比更加强烈，而对于中间过渡的灰色区域则更多地需要在用笔的排线和笔触的变化中来实现。虽然整张图纸只有一种单色，却可以形成多种不同的明暗调子和肌理效果，视觉冲击力较强。在快题设计的表现中，可采用不同规格粗细的针管笔（从 0.13～0.15mm 等较细规格到 0.5～1.2mm 等较粗规格），利用笔触的粗细变化来适应不同效果的表达。钢笔表现还可以与彩色铅笔、水彩等手法结合起来，创作出表现力更加丰富的艺术效果。

(3) 彩色铅笔表现方法

彩色铅笔的种类较多。在快速设计表现中，一般多采用水溶性彩铅。它的总体特点是：操作简便，不易失误和笔触质感强烈。常有 12 色、24 色、48 色等几种组合包装。彩色铅笔由于笔触较小，所以，在大面积表现时应考虑到深入表现所需要的时间。常常也和钢笔或淡水彩配合使用。

(4) 水彩表现方法

水彩是一种艺术表现力较强的表现手法。它既可以单独完成表现，也可和其他表现工具，如钢笔等结合使用。这种表现方式在快速设计表现过程中，运用得当，可快速地、极富感染力地表达设计意图。需要注意的是，水彩的使用对纸张有一定的吸水性要求，应选择较厚的水彩纸来表现（图 3.62）。

图 3.62 水彩渲染（绘制：李蔚青）

水彩渲染的一般步骤如下：

1）在使用水彩渲染的图纸上描绘透视底稿。最好是将画好的底稿拷贝复制到正图上，避免在绘图纸上由于多次使用橡皮擦改图面，致使纸面肌理遭到破坏，从而影响水彩画表现的效果。

2）先铺大面积较淡的底色，决定表现图的基本调子。

3）对设计作品的主要体量进行表达。一般采用先浅后深、由明至暗的顺序。

4）对一些重点表现的细部进行深入刻画，但注意不可主次不分或平均对待，把握好画面的整体效果，协调画面的主次、远近、明暗关系。

(5) 水粉表现方法

水粉表现是一种常用的快速设计表现方法。水粉表现的色彩比水彩渲染的色泽更加鲜明。水粉颜料的颗粒较粗，具有一定的覆盖力和附着力，故有着可以多次反复上色和修改方便的特点。

水粉表现对纸张的要求没有水彩渲染的要求复杂，故对快速设计的图纸选择具有更多适应性的帮助作用。水粉表现一般采用先暗后明，先深后浅的顺序，但也可以反过来。应注意画面的层次和不同色块间厚、薄、干、湿的变化（图 3.63）。

图 3.63　水粉表现(绘制:李蔚青)

(6) 色粉表现方法

色粉画(粉画、粉笔画):是用特制的干颜料笔,直接在画纸上干绘,是一门独立的绘画表现形式。色粉画既有油画的厚重又有水彩画的灵动之感,且作画便捷,并有独特的艺术魅力。色粉画在塑造和晕染方面有独到之处,且色彩变化丰富绚丽、清新典雅,它最宜表现变幻细腻的物体,如人体的肌肤、水果等。从工具的使用来看,它不需借助油、水等媒体来调色,它能直接作画,如同运用铅笔方便;它的调色只需将色粉之间互相搓合即可得到理想的色彩。色粉以矿物质色料为主要原料,所以色彩稳定性好,明亮饱和,经久不褪色。用色粉画来表现效果图,在我国还不是很盛行,但它对材料质感的表现是毋庸置疑的(图 3.64)。

色粉笔颜料是干性的且不透明的,较浅的颜色可以直接覆盖在较深的颜色上,而不必担心深颜色被破坏掉。在深色上着浅色可造成一种直观的色彩对比效果,甚至纸张本身的颜色也可以同画面上色彩融为一体。色粉画的固定,必须用特制的油性定画液,也可用透明玻璃(纸)来保护画面。在用色粉绘图过程中须注意以下几点:

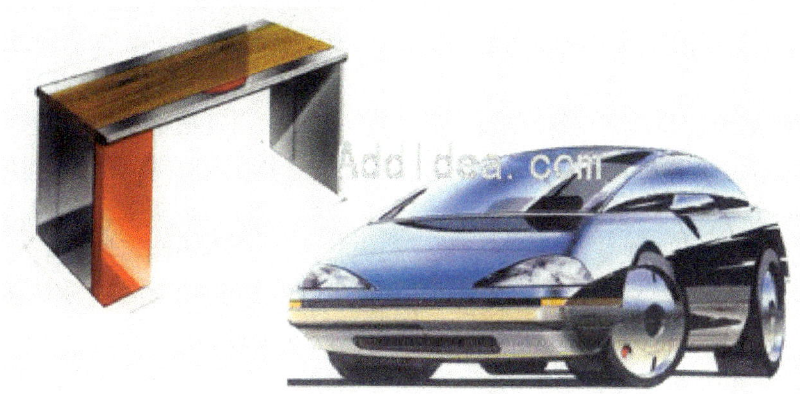

图 3.64　色粉表现

1) 笔触和纹理:由于色粉笔的线条是干的,因此,能适应在各种质地的纸张上作画。要善于运用纸张的质地及纹理,一张有纹理的纸允许色粉笔覆盖其纹理凸处,而凸凹纹理只能用更多的色粉通过擦笔或手揉来将其填满,故纸张的纹理决定绘画的纹理,恰当地运用纸张的纹理能有效地增加画面的艺术性。

2）纸的颜色对色粉画亦很重要，因为色粉表现的特点之一就是有亮调子覆盖暗色背景的能力。

3）用手指、布来调和色彩。布、纸制擦笔或手指都可以用做调和色粉笔的工具。布主要用于调和大的总体色调，而总体色调中的具体变化则多用手指。因为用手指刻画形体时更为方便，用力的轻重也更加容易控制，并且还可以控制所调和的范围，不至于弄脏周围的颜色。

（7）马克笔表现方法

马克笔表现是快速设计中最常用的表现方法。由于它有无需调和、快干、颜色易固定、且品种繁多的特点，所以深受设计人士的欢迎。马克笔可分为油性和水性两种类型。油性马克笔适合用于光滑、不易书写的基质表面，如油漆表面、塑料、厚铜版纸等。水性马克笔适用于一般的绘图纸表现。马克笔的笔头采用化纤、尼龙等化工材料制成，形状为有一定角度的方楔形（或粗细不等的圆形），使用时通过变换笔法可以获得多种笔触的效果。马克笔对纸材的可选择面较广，包括有色及各类吸水率不同的纸，均能适应。

马克笔的特点适于快速表达，画效果图时用笔要干脆爽快，忌讳犹豫打抖及来回地托描。在用笔较长的地方最好借助尺子来控制，对于画出界的颜色，可以后期弥补。假如一种颜色在画面上多处地方出现，可一次性把它画完。如果下笔前无法把握颜色是否恰当，可先在白纸上试色；另外，没有的颜色可以“调”出来。例如，把颜色间的空隙画得大一些，然后用两种或者几种颜色交叉重叠，产生色彩混合，可表现出无限可能的颜色；或者用彩色铅笔辅助上色来改变原有色彩的倾向。

画效果图主要目的是表现出预期效果和设计中的闪光点，所以首先要先画出大色调，然后在统一的色调中慢慢找出细节的部分。例如，画面的光影关系、物体的凹凸递进、材质的变化等，逐次解决细节的表现。在第一遍上色结束时，须重新审视画面的平衡感，是否存在有“画过”或“不足”的地方。如果“画过”就要通过白粉来提亮，并运用光影和细节的刻画来调整画面的整体感，尽量使画面平衡。如果感觉画面“不足”缺少重色块，可以再加重色彩，增加灰的色阶，使画面层次丰富。马克笔在深入表现上质感较有限，如玻璃、金属、石头等的刻画，其表现力完全比不上水粉。所以，通常只能依靠底色和钢笔稿来辅助表现。有时还可以根据画面的需要结合其他颜料自由处理。

用马克笔作图时，如果在画面未干的情况下接着画，画面易“脏”，所以一定要等画面干了再画，除非你有足够的控制能力，或者追求那样的表现效果。马克笔在绘画过程中反复覆盖也会弄“脏”画面，这时可用水粉颜料的“白色”来提亮画面，改变“脏”感，表现出通透的效果。例如，灰颜色使用过多，会令人感觉沉闷，想要预留白颜色是比较困难的，不妨敞开来画，最后用白粉提亮，白颜色会为画面增色不少，这种方法还可以用于修改“画灰”、“画坏”的地方。

（8）喷绘技法

喷绘，也称喷色画、喷笔艺术，国内常称之为喷绘。尽管名称各异，却都贯穿着一个“喷”字，这就充分体现了它的基本特征：单一的喷色造型艺术和喷、绘相结合的造型艺术。喷绘与其他绘画的根本区别在于使用的工具不同。它借助于气泵压力经喷笔喷射出细微雾状颜料，能形成轻、重、缓、急等的效果；同时，配合专用的阻隔材料，遮盖不需着色的部分进行作画。用不同的喷绘方法，可绘出不同的效果，既能光滑细腻，又能浑厚粗犷。它能逼真地表现清朗明净的天空，色彩斑斓的光柱，透亮明丽的玻璃，丰美浑朴的物象等，因其色泽匀净精密，与画笔技法是完全不同的（图 3.65）。

图 3.65 喷绘表现(绘制:李蔚青)

喷绘较小的画面可用喷笔，作较大的画面要用喷枪，目前上海产的喷笔和喷枪已被广为采用。由于采用半自动化的喷绘设备和多种绘制手段，所以绘图快慢自如，浓淡随意，并可按需叠加，还可以在放大的照片上喷制作品，使作品产生另一种艺术表现形式。

（9）混合技法

所谓混合技法，也就是非单一工具表现法，是多种工具混合在一起使用的画法。它是在充分地掌握了多种技法之后的一种绘画行为。实际上没有什么技法可言，重要的是最后的效果如何。事实上，许多熟练的设计师，多采用混合技法来表现作品。因为每一种工具都有其特点，也都有其局限性，如果能发挥各种工具的优点并把它们有机地结合在一起，那当然是一件好事。事实上，不可能也没有必要把所有的工具结合在一起，只要表现对象能恰当地达到预期目的就可以了，为技法而技法是一件本末倒置的事情，应根据设计需要决定和取舍。

（10）其他工具及技法

快速表现的方式种类很多，由于规定的限制较少，常常也会采用其他的技法以期获得独特、强烈的表现效果。例如，用油画棒、炭条或丙烯等工具来制作效果图。如果平时多加练习，熟练掌握它们的特性和技术要求，这些方法也可以在快速设计表现中获得出色的效果。

2. 电脑效果图

随着科技的不断发展，电脑效果图日益受到广大设计人员的重视，它能准确、直观地反应空间的形象和环境而深受业主的青睐（图 3.66）。电脑绘图的运用范围很广，设计师可利用电脑绘制简单的草图；制作反应体量效果的模型图；也可以快速从不同的角度选取视点，还可在以较短的时间内做不同的色彩搭配。这些都为设计人员节省了大量精力和时间，使环境艺术设计创作更加深入、合理及艺术化。电脑的另一优势是它的精确性和操作的便捷性及易修改性。它应对各种复杂的曲面、折面都能求出准确的透视数据；还可以随着时间的变化，模拟绘制某个地区、某个季节的透视和阴影图。这样，设计师就可以通过电脑所体现的造型、色彩、质感、环境和空间变化，来研究环境设计和探讨各类型的环境创作。

图 3.66　电脑绘制的效果图(设计：党渤)

电脑效果图的绘制过程，首先要建出线框模型，对环境所采用的不同材料的颜色进行分类、归纳，并适当地配制周边的道路和环境；也可运用扫描设备对环境进行扫描制作，真实地反映设计项目周围的景况，再用渲染软件进行渲染。渲染过程中，灯光的处理、贴图材料的运用是作好一张图的关键。出图时，图形分辨率应根据所剩余的绘图时间和图幅大小来选择。后期制作除了加上配景中的树木、车辆、人物以外，还可以运用电脑中模拟手绘的方法，用画笔、喷笔对不足之处进行“手工”喷绘，以弥补电脑图呆板、程式化的弊端。

第四节　环境艺术设计空间造型的基础练习

3.4.1　环境艺术设计的基础调研与设计展开

调查研究是进行环境艺术设计前期重要的基本任务和内容，无论是大型综合的总体设计项目，还是小型的单体项目设计，前期调研对于后续设计工作的展开起着重要的基础作用。本节以公交系统的相关设计案例为例，来学习如何进行前期的调研及提出并分析存在的与设计相关的问题；并以厦门市公交候车亭为调研对象，主要围绕城市自然环境、人文环境、地域环境等内容进行调查研究，收集较为全面和系统的前期调查研究的基础数据资料，并包括与之相关的人流预测、主要使用的材料、规格等诸方面的研究与分析。

公交系统是联系城市空间的纽带及城市形象的主要体现，公交车站及设施也是组成城市景观重要的内容，其设计功能与形式的视觉意象直接影响着城市空间的整体品质，也是反映一座城市经济、文化发展水准的重要窗口。因此，公交系统设计既是组成城市形象的重要内容，也是城市文明程度的重要体现。

城市公交系统设计是城市整体规划中

的一部分，必须服从和服务于城市的整体，才能高效有序地服务于社会大众。作为社会大众的载体，公交设施在人与环境的交流中起着重要的媒介作用。城市候车亭的设计，其主要功能体现在保障人们在等候、上下车辆时的安全性、方便性、信息符号的清晰性和准确性等几个方面；此外，通过其形状、色彩、质感、体量、特征等信息便能使人们快捷理解、判断和使用这些设施，候车亭及系统设施的设计对城市的美观亦起着到较大的作用。所以，作为一个环境艺术工作者的使命就是要满足这些社会大众的使用功能及提升城市的品位，并不断创造出新的艺术形式，凸显城市的文化魅力和文明水平。

【例 3.1】 公交车候车亭设计前期的基础调研（指导教师：李蔚青）。

要求：

1. 根据班级学生人数，以 3～6 人为一小组，分组对所在市区现有的候车亭及附属设施采用测绘、拍照及相关信息采集、记录等调研工作。

2. 采用问卷调查、随访统计等记录形式，分别对如不同职业人群的乘客、公交站牌的图文信息内容、广告位的位置等进行调查和统计，并形成图文表格形式的 PPT 文件。

目的：

考查学生对所调查对象的图像采集技术、数据测绘记录的能力及计算机软件如：3DMax、AutoCad 的应用水平，有利于学生建立起一种与调查研究所必须具备、较为全方位的技术应用能力。

根据例 3.1 的要求所做的图文调研情况汇总

（调查组成员：厦门大学艺术学院 06 级 环艺专业 卢亮洪、李柔梦、刘珊、刘萍、施婷芳、谭湘东、董春凤）

1）图 3.67 是对位于福建省厦门市湖里山站公交候车亭调查后的图像采集与整理。

图 3.67 采集的图像

2）图 3.68 是对所调查的候车亭运用 Autocad 软件绘制出的三视图。在绘图的过程中，一方面会暴露出诸如线条粗细、尺寸标注等诸多对制图规范熟悉与否问题；这些问题能在教师反复修改的要求指导下予以纠正，增强了学生原有学习制图的实际应用水平；另一方面，经历了前期测量和经后期绘出正式图的过程，能在学生心中建立起在图纸与测绘出的真实空间中尺寸数据之间的尺度感。

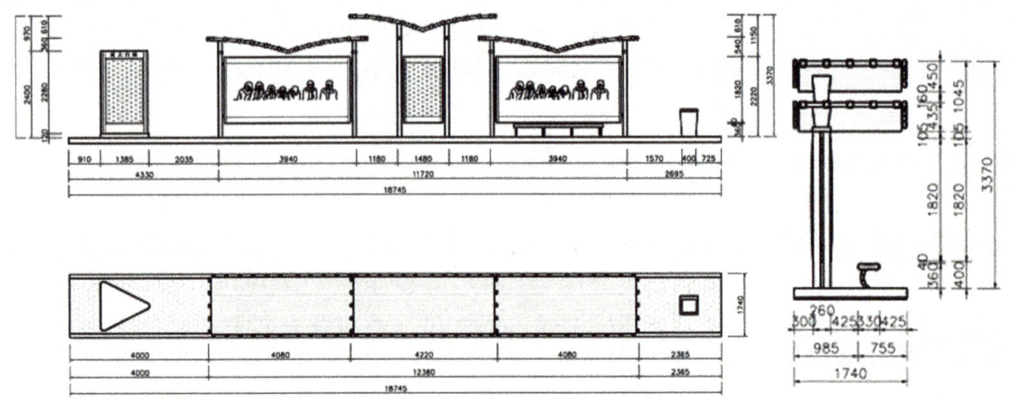

图 3.68　三视图(绘图:施婷芳)

3) 图 3.69 运用计算机的 3DMax 技术对该候车亭所做的三维立体效果图。其主要目的是使学生在 3D 技术的渲染过程中，对平时所学 3D 软件的技术，通过在自己亲手测绘的数据基础上所做出的电脑效果图中得以应用和检验。

图 3.69　根据测绘数据渲染出的该候车亭的效果图(绘图:谭湘东)

小结：

通过完成上述简单的图文测绘和数据粗略统计（表 3.5）的基础调研工作，一方面，以摄影图像的记录方式能使学生建立起平时注意观察环境中事物的学习意识；另一方面，测绘、数据的理性记录与换算等工作，能培养学生细致、耐心的工作态度。

表 3.5 相关数据统信息的统计汇总

厦门市湖里山公交站候车亭的主要材料及构成组件		面积/m²（略）
候车亭主体部分	不锈钢长柱子、不锈钢短柱子总面积	
	顶部不锈钢顶遮阳板面积	
	地面铺装部分	
候车亭辅助部分	广告牌不锈钢面积	
	广告牌有机展板部分	
	车次站牌信息所占面积	
	不锈钢坐位面积	

【例 3.2】 结合互联网技术、报刊或调查表格的发放等调研手段对诸如人群、车辆等信息进行调研（指导教师：李蔚青）。

目的：

使学生不仅要了解候车亭这一硬件的实物信息，还要了解与其相关的人流、车辆等软件方面的信息，建立“硬件”与“软件”的相互依存不可分割的研究意识，为方案设计打下基础。

公交站通常接纳不同乘客群体的分析

（调查组成员：厦门大学艺术学院 06 级 环艺专业 蔡宇、甄宗典、张帅、张建勇）

乘客群体信息：通过图 3.70 的柱状分析图可知：日常乘坐公交车的人员主要以上班族、学生、外来务工者和外地游客居多，但几乎看不到残障人士乘车，此方面的信息基本为零。

线路信息：全市共有 185 条公交线路，拥有公交车 3300 余辆，每天运载乘客约 165 万、全年约为 6 亿人次（表 3.6）。

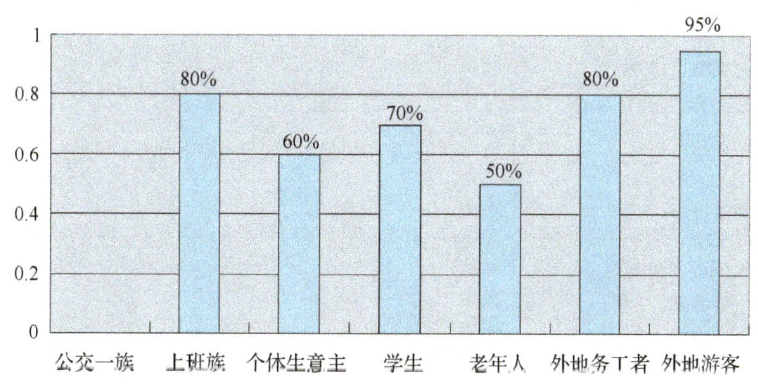

图 3.70 受众群调查框状分析图

表 3.6　根据基本数据的调查所得出的候车亭优缺点的分析

优点分析	缺点分析
A. 该候车亭顶棚的造型整体呈现为两道弧线的造型。根据厦门地处亚热带多雨的自然环境，此种造型能使雨水不易积蓄，在挡风遮雨的同时，弱化了一般候车亭的造型设计给人心理上造成的生硬感，能使人产生舒适之感 B. 不锈钢的结构设计简洁实用，富有现代感，在地处海边的环境中有抗老化、耐腐蚀的特点，同时，也较容易清洁 C. 滚动式变换的广告栏设计增添了候车亭的趣味性，起到了在等候车辆时解除乏味的心理作用；其中，宣传城市文化广告内容的出现，增添了现代商业广告知识性和文化性的气息 D. 从人性化的角度来看，候车亭站牌高度设计与人的视线基本处于最佳位置，能使乘客在观看其内容时有轻松的感觉	A. 该设计的造型样式虽有变化，但缺乏反映与该地区文脉特征相应的形象特点，显得较为“大众化” B. 站位线路站点图文清晰，但缺乏不同路线的平面走向图、盲文信息、公告信息，以及周边公共设施图（比如厕所分布图）等，内容不够完善或者根本未涉及 C. 从长远考虑，当采用 GPS 系统等跟踪显示技术实现用于公交系统上时，候车亭应设有预留电子站牌的位置及电路的接口 D. 针对弱视盲人或残疾人群的乘客，应设计采用电子报站牌等辅助手段。根据车辆到达的时间，自动地进行语音的提醒，这也是设计人性化的体现，正是因为公交系统大多未涉及此相关的领域，也说明了前文图 3.70中“几乎看不到残障乘客人群”的原因。由此说明，今后的公交系统设计应关注那些残障群体，这也是一个国家、一座城市文明的体现，也是设计师的责任之一

【例 3.3】 根据测绘调研的资料，列出与测绘相关的施工内容和工程预算（指导教师：李蔚青）。

目的：

通过上述基本材料信息的分析，在教师的指导下，模拟列出与该候车亭程工项目的相关内容。

要求：

1. 计算并列出与测绘尺寸相吻合的相关材料的面积、数量、造价等数据内容。

2. 不能忽略±0.000 以下基础工程的内容及数量。

表 3.7　厦门胡里山车站相关工程量清单

<table>
<tr><td colspan="4">项目名称：厦门市胡里山候车亭±0.000 以下基础工程内容</td><td colspan="2">综合单价：元（略）</td></tr>
<tr><td rowspan="2">序号</td><td rowspan="2">项 目 名 称</td><td rowspan="2">计量
单位</td><td rowspan="2">工程数量</td><td colspan="2">金额/元</td></tr>
<tr><td>综合
单价</td><td>合价</td></tr>
<tr><td>1</td><td>挖基础土方
土壤类别：三类土
基础类型：独立基础
垫层宽度：
挖土深度：
弃土运距：</td><td></td><td></td><td></td><td></td></tr>
<tr><td>2</td><td>土（石）方回填
土壤类别：三类土
人工夯实</td><td></td><td></td><td></td><td></td></tr>
<tr><td colspan="2">合计/万元</td><td></td><td></td><td></td><td></td></tr>
</table>

续表

项目名称：厦门市胡里山候车亭站台材料及模板工程内容				综合单价：元(略)					
序号	工程内容	单位	数量	综合单价/元					小计
				人工费	材料费	机械费	管理费	利润	
1	独立基础模板	m^2							
2	矩形柱模板(周长 m)1.2 以内	m^2							
3	不锈钢圆形柱	m^2							
4	矩形梁(梁宽 cm)20 以内	m^2							
5	PVC 透明板	m^2							
小计/万元									

项目名称：厦门市胡里山车候车亭施工相关的其他项目	综合单价：万元	
序号	项 目 名 称	金额/元(略)
1	环境保护(暂不考虑)	
2	文明施工(暂不考虑)	
3	安全施工	
4	临时设施	
5	灯管照明	
6	工程保险	
7	工程保修	
8	预算包干费	
9	税收及管理费	
10	工期	
11	设计费	
合计/万元		
总计价/万元		

注：由于具体价格波动较大，本清单只要求列出基本的工程内容和范围，掌握基本的工程施工内容是教学的目的。

小结：

通过对上述基础性相关调研内容的测绘整理，使学生能对一般性公交候车亭常用的材料、技术、尺寸、面积及其优缺点等有一个初步的认知，更重要的是通过这种基础调研能建立起提出问题和调查分析的能力，从而培养出一种平时能够良好地观察学习、分析环境中事物的能力。

【例 3.4】 借助互联网及其他手段，搜索国内外与候车亭设计相关的信息，并做出简要的、比较性的图文分析报告(指导教师：李蔚青)。

目的：

通过对不同城市公交系统设计信息的收集和横向的比较分析，能拓学生的视野，培养对周边事物的关注能力，在比较的过程中辨别出设计的优劣，为后续相关课题设计的展开提供保证。

要求：

1. 在调查自己周边所熟悉的城市公交亭后，应进行与横向城市的比较研究，以有利于对所调查的对象能有一个更清晰准确的把握和认知。

2. 结合图表的方式，对其内容给予相应的分析评价，如现状分析、设计风格、设计建议、文字表达等内容。

浙江省杭州市公交系统的调研(表 3.8)

(调查者：厦门大学艺术学院 06 级 环艺专业 张丹)

国外公交车候车亭图片的收集是通过互联网查找而收集到的，由于条件所限，此方面的相关分析，以图片收集浏览为主，学生只做有针对性的学习、欣赏、领略即可。

表 3.8 杭州市候车亭的调查分析

候车亭图片的拍摄与整理	现状分析	设计建议
杭州之江路段上的候车亭	A. 杭州市之江路的候车亭整体统一，调性明确 B. 候车亭顶的滴水设计不合理，在下雨的时候，容易溅湿行人 C. 顶棚和柱身表面涂的是白色和蓝色的油漆，易生锈，会影响美观	A. 顶篷滴水沿应设置暗排水槽；并适当扩大顶棚遮挡面积 B. 大面积的有机玻璃广告灯箱，容易变形和损坏，表面易磨损而变得模糊，建议使用其他更耐用材质 C. 改变站亭材质，选用可耐久和容易保洁的材质 D. 增加互动信息等浏览系统
杭州江南大道上的候车亭	A. 候车亭座具间隔设计不合理，造成有限空间的浪费 B. 站亭顶棚上有雨水积留并有多处灰尘积滞 C. 接口处出现多处腐蚀迹象，影响美观	A. 改进固定座凳的间距以增加座位的数量 B. 完善顶棚的倾斜角度，使其不易积水或灰尘 C. 使用更耐用的材质和室外漆 D. 增加互动的信息浏览系统 E. 滴水设置排水槽，扩大顶棚面积的遮阳、遮雨面积

小结：

通过对国内外的相关综合信息的收集调研，就公交系统的设计而言，能初步地了解不同地区、国家之间的设计概况，从而使学生建立起一种比较分析的意识。在此基础上能为进一步深层次的认识及设计任务的展开提供基础保证。

图 3.71 国外公交系统设计资料

【例 3.5】 鉴于例 3.1～例 3.4 调查研究情况的内容，还应从纵向上再做进一步的信息调查研究，才能使基础调研工作得以深入和全面(指导教师：李蔚青)。

要求：

1. 通过互联网技术、报刊等资料来查找与该市公交系统的相关信息，并结合图表进行分析。

2. 根据对公交系统所调查的相关内容，设计出公交车候车亭的初步方案。

以厦门轮渡公交站现状的调查分析为例

(调查组成员：厦门大学艺术学院 06 级 环艺专业 张正刚、俞庆福)

现状分析：

1. 在无人上下车时，公交车依旧机械地停靠站台，浪费了乘车人时间，也增加了车站次序混乱的程度。

2. 公交车上下门太小，收款机占据过道空间较大，上下车电子交费时易出现客流阻滞现象，影响人流和车流通行的效率。

建议：

1. 站台应设计隔离带，引导乘客井然有序地排队上车。

2. 投币和刷卡机如有计算上下车人数的功能设计，就可以方便提醒司机在超载时不再使乘客上车，增加行车的安全系数，提高社会效益。

3. 将上车人数、车辆起始时刻、路段运行时间、到达车站时间等信息传送至各候车亭，以提醒和方便乘客，提前做出决定或选择。

以上建议如图 3.72 所示。

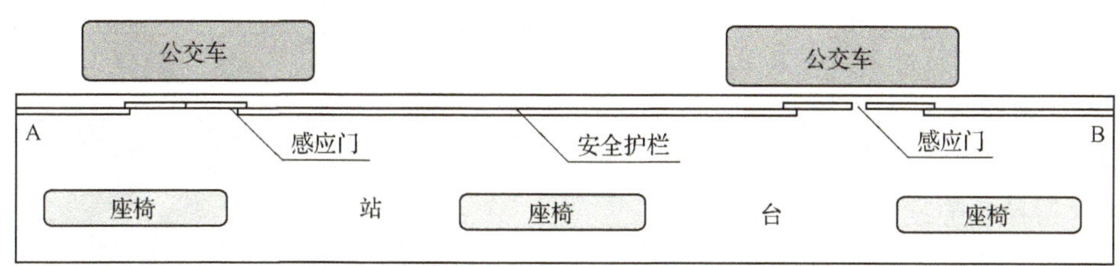

图 3.72 公交候车亭站的平面分布示意图(绘图：俞庆福)

图 3.72 为公交候车亭站的平面分布示意图，其设计思想简述如下：将乘客的等候区与行车区域采用安全围栏或感应门(A-B)分隔为两个内外空间，公交车可以更安全快捷有秩序地进入候车站，乘客也可以安全有序地上下车。

在公交车站候车，通常乘客都希望知道自己乘坐的车何时能够到达，还期盼能够知道有无座位或车辆的拥挤情况、如果遇到拥挤的车辆到达，不能确定是否继续等待下一班等诸多问题。如何满足乘客这种需求，可以从以下几点做起：

1. 设置计算人数功能的投币或刷卡器，随时计算得出车内乘客的人数。

2. 在候车亭停车的位置设置扫描器，将到站车辆的各种数据及情况变化传至前方各个站点。

3. 有了以上两点作为基础，再将营运系统内所有的站点进行数据链接，并将平时运行的情况，包括：公交车每日的运行情况、某时段平均运行情况、某路段平均运行时间、站点到站点间的运行时间等信息进行综合测算，就可得出车辆到达站点的预计时间、目前所在的位置、人数等信息，这样就可以给乘客提供更加贴心和人性化的服务。

【例 3.6】 综合以上例 3.1～例 3.5 的调查与分析，并在此基础上，进行公交候车亭方案设计(指导教师：李蔚青)。

要求：

以厦门自然环境中特有的植物或民俗风情为切入点，进行公交车候车亭的方案设计。

以厦门自然环境中的植物及民俗风情为元素设计的候车亭

图 3.73 是以厦门市市花“三角梅”为造型元素设计的候车亭方案练习。

图 3.73 候车亭练习方案(设计：厦门大学艺术学院 06 级 环艺专业 刘利红)

图 3.74 是亚热带植物鱼尾葵，图 3.75 是以鱼尾葵为造型元素设计的候车亭概念方案。

【例 3.7】 通过例 3.6 的以自然或人文环境中提取具象元素的感性训练后，以平面构成的理性设计语言来进行候车亭方案设计(指导教师：李蔚青)。

要求：

1. 取任一简单的几何图形，做其形的

图 3.74 厦门常见的亚热带植物鱼尾葵

图 3.75　以鱼尾葵为造型元素设计的候车亭的三维空间效果图
（设计：厦门大学艺术学院 05 级环艺专业 辛欣）

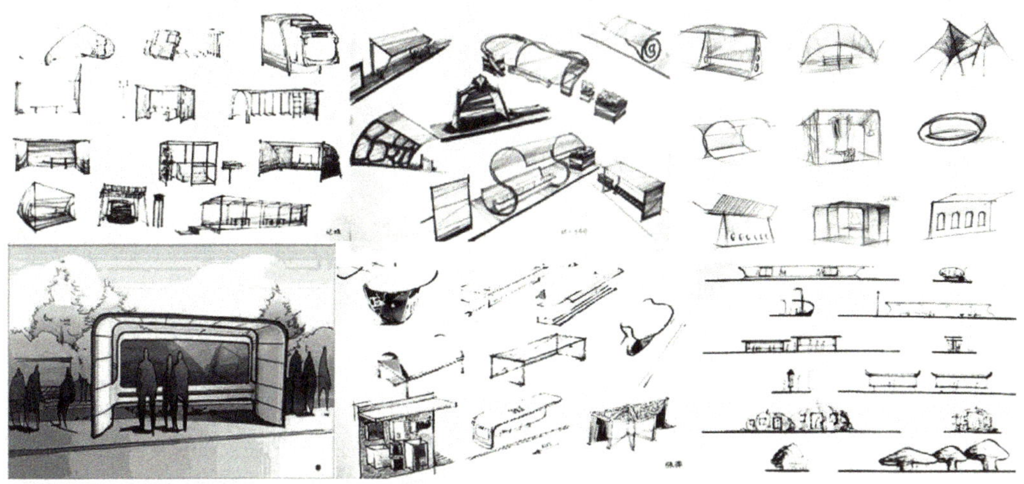

图 3.76　以闽南的传统建筑、室内陈设元素等为造型元素，设计的候车亭方案的练习
（设计：厦门大学艺术学院 06 级 环艺专业 纪媛、王东升、李可润、张萍、林纬）

增值及空间延展的设计练习。

2. 根据提供的九宫格为框架，将上述这些简单的几何形体在提供的九宫格内分别做切割、渐变等三维空间的延展练习，探索简单的几何形体，经三维空间延展变化后而产生的新的视觉化，并将这些抽象化、概念化的新的形体扩变展引入至具有候车亭功能的设计。

目的：

1. 让学生体会任何形体的元素中均有无限设计的可能。

2. 在制作的过程中，加深对美的造型的理解和激发学生对美的创造的激情。

作业：

根据提供的九宫格为框架，将任一简单的几何元素生成立体的三维空间模型，探索这些简单的几何形体经三维空间变化后而延展出的全新视觉形象（图 3.77 和图 3.78）。

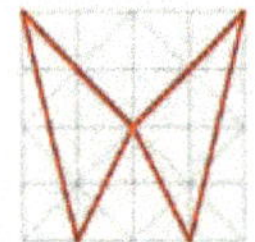

图 3.77　红色线为任取的平面几何图形

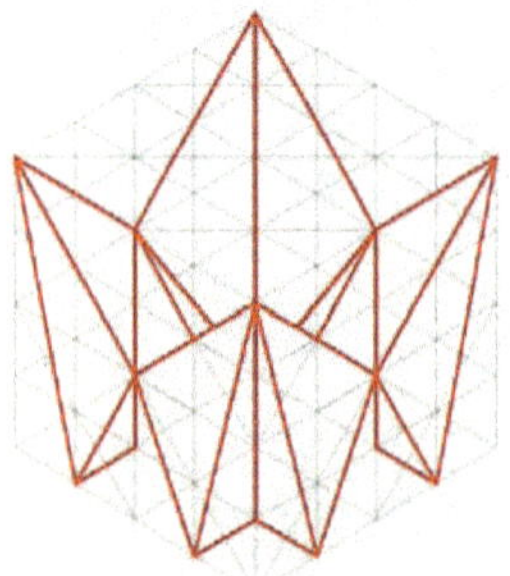

图 3.78　在立体的九宫格内将图 3.77 中的平面几何图形生成三维空间的效果

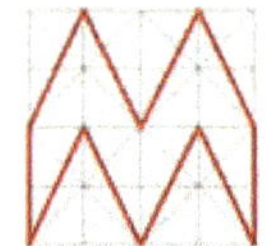

图 3.79　红色线为任取的平面几何图形

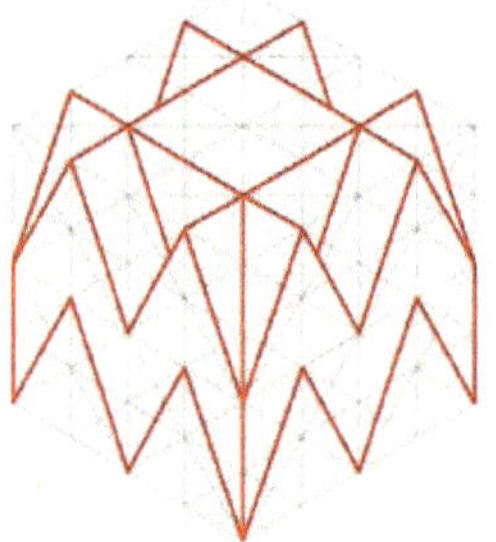

图 3.80　在立体的九宫格内将图 3.79 中的平面几何图形生成三维空间的效果

图 3.81　所取常用的几何元素(上图)在立体的九宫格内生成的三维空间模型后的效果(设计：厦门大学艺术学院 06 级 环艺专业 赵进国)

图 3.82　简单抽象的几何形体，通过计算机技术在立体的九宫格内生成的从平面到空间变化的三维空间模型(设计：厦门大学艺术学院 06 级 环艺专业 刘超)

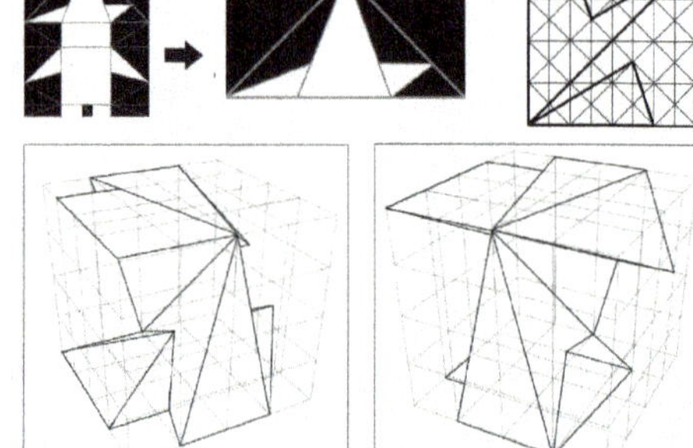

图 3.83　左上角为所取的几何元素，从中任意切割出一个局部，然后在立体的九宫格内生成三维空间模型，观察简单抽象的几何形体从平面到空间变化后其形态所产生的新变化

图 3.84　根据图 3.83 抽象的几何空间而生成设计的、具有实用功能的候车亭方案(设计：厦门大学艺术学院 06 级 环艺专业 赵英杰 朱德军 周超 马希涛 陈雯 侯书杰 刘佳 朱通 徐静)

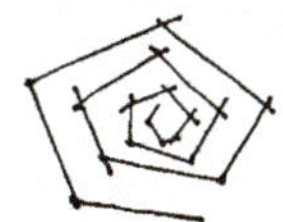
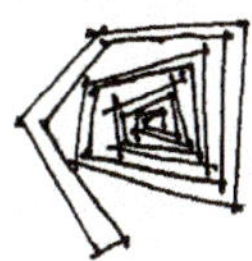

图 3.85 简单抽象的几何形体从平面到空间的变化练习

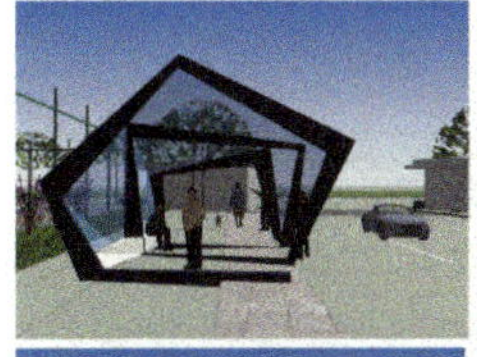

图 3.86 根据(图 3.85)抽象的几何空间而生成的具有一定实用功能意义的候车亭设计(设计：厦门大学艺术学院 环艺专业 于振杰)

作业：取箭头"→"这一常见的几何图形，观察其经平面构成和三维空间延展后，形态所产生的新的变化(图 3.87)。

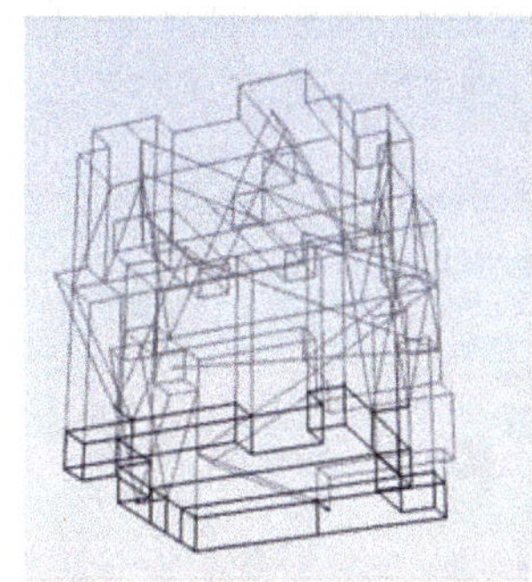

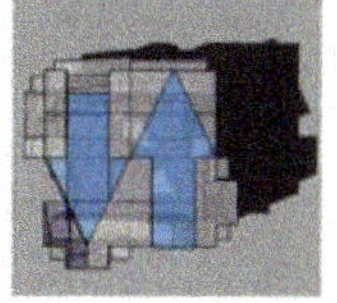

图 3.87 箭头"→"的几何图形经三维空间延展后其形态所产生的变化(设计：厦门大学艺术学院 06 级 环艺专业 郑颖)

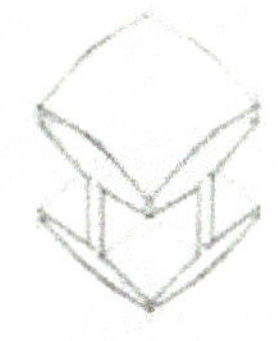
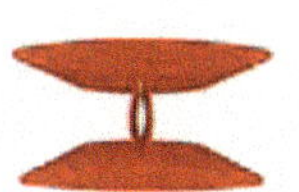

图 3.88 将(图 3.87)抽象化、概念化"→"的形体，进行进一步的扩展研究

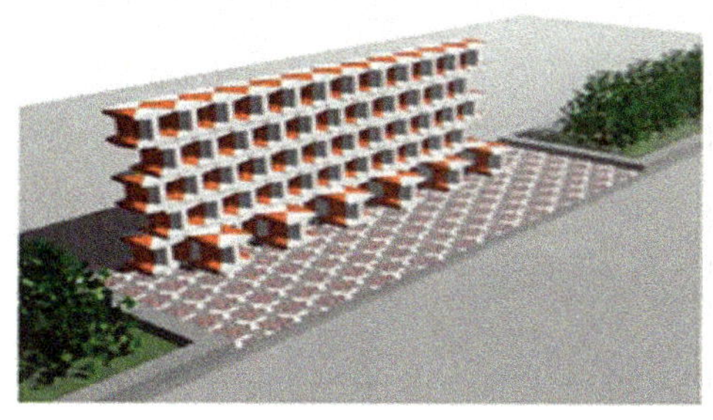

图 3.89 经图 3.87、图 3.88 的三维变化而画出的抽象造型结合候车亭的意向设计出的具有实用功能的方案(设计：厦门大学艺术学院 06 级 环艺专业 董春凤)

作业：以常见的正方形"□"为元素，经排列组合及三维空间延展后，探索其形态所产生的变化。

图 3.90 以最常见的基本形——正方形，为设计元素进行形的增值

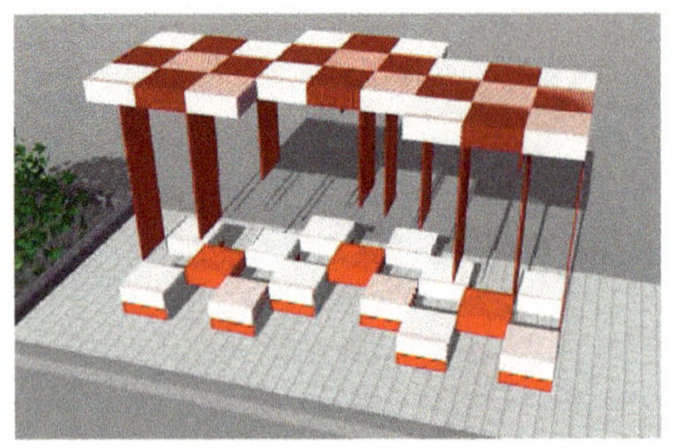

图 3.91　将图 3.90 经三维空间的变化与意向结合设计的具有实用功能的候车亭方案（设计：厦门大学艺术学院 06 级 环艺专业 董春凤）

作业：以任一几何纹样，如“□”“O”，经三维空间的延展后，观察并从中找出设计候车亭方案元素的可能性（图 3.92、图 3.93）。

图 3.92　“□”形，在经三维空间的变化而设计出的具有实用功能的候车亭方案（设计：厦门大学艺术学院 06 级 环艺专业 董春凤）

图 3.93　“O”形，经三维空间的变化而设计出的具有实用功能的候车亭方案（设计：厦门大学艺术学院 06 级 环艺专业 董春凤）

作业：以任一几何形，如“×”形为设计元素，经三维空间的延展后，观察并从中找出设计候车亭方案元素的可能性。

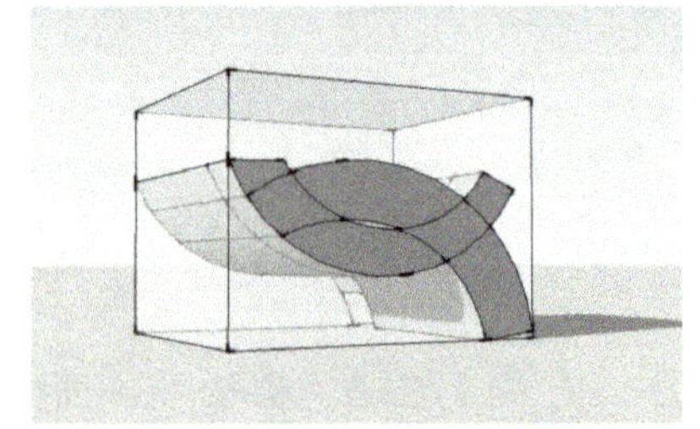

图 3.94　以“×”形为设计元素的三维空间延展图

图 3.95　运用形的排列或增值等构成原理设计后，其形体产生的新变化

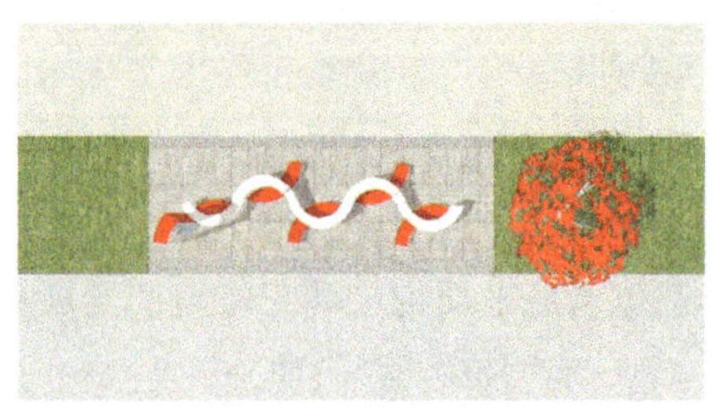

图 3.96　将图 3.95 的变化形式结合候车亭的意向而设计的具有实用功能的方案

图 3.97　完成候车亭方案设计的雏形（设计：厦门大学艺术学院 06 级 环艺专业　刘利红）

作业：以建筑中的元素，如廊柱为基本的几何平面元素，经三维空间变化后，从其产生的造型变化中找出设计候车亭方案元素的可能性。

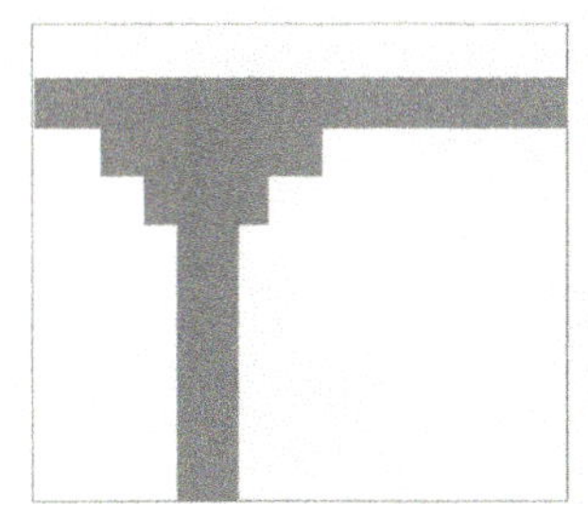

图 3.98 廊柱形的平面几何元素

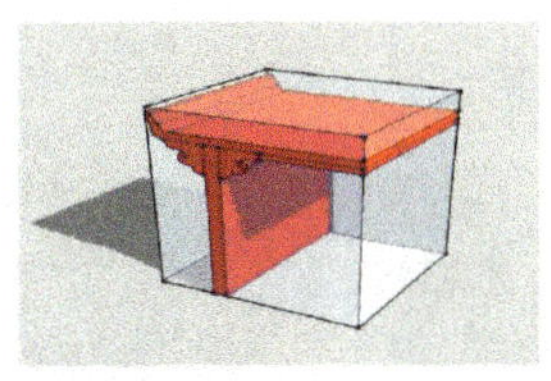

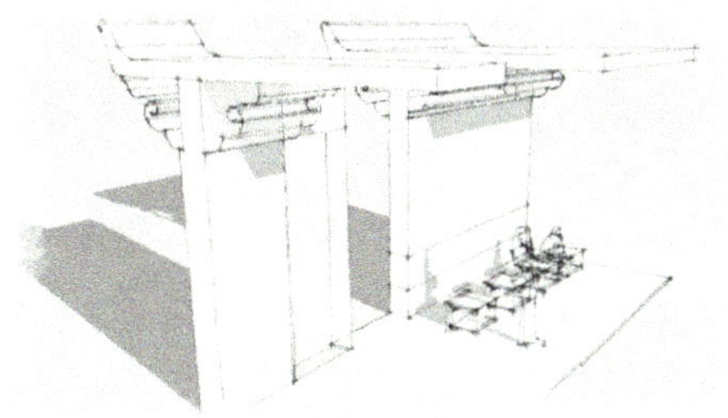

图 3.99 由图 3.98 生成的三维空间延展变化过程图

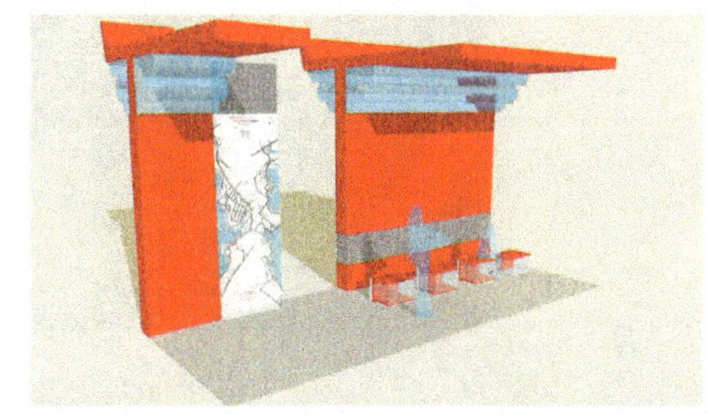

图 3.100 将图 3.98 经三维空间的变化与抽象意向结合而设计出的具有实用功能的候车亭方案（设计：厦门大学艺术学院 06 级 环艺专业 刘利红）

作业：以任一几何形，如，“十”字形为设计元素，经三维空间的延展后，观察并从中找出设计候车亭方案元素的可能性。

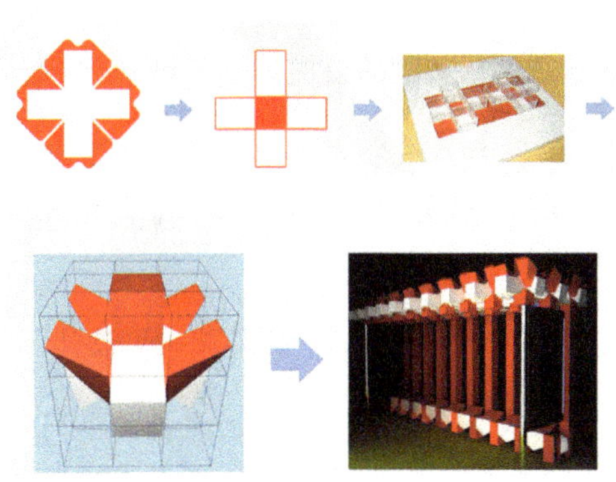

图 3.101 从简单的“十”字形而分离出的候车亭设计（设计：厦门大学艺术学院 05 级 环艺专业 张天立）

作业：以生活中所熟悉的日用器皿、食 物等元素进行设计的创作。

要求：

1. 重新感触和发现身边的事物，抽取其感兴趣物体的部分元素进行设计的探索，并进行相关造型艺术的延展设计。

2. 以提供的九宫格为框架，生成立体的三维空间模型，探索简单的几何形体，经三维空间变化后而延展产生的新的、形象变化。

图 3.102　钢琴及键盘的图片采集

图 3.103　以钢琴键为元素而延伸出的候车亭方案设计

厦门鼓浪屿有钢琴之岛的美誉，该方案从设计理念上无疑是对厦门市文化底蕴的挖掘和体现。以钢琴键盘为设计元素能反映其地域文化的特色，增加候车亭方案设计上的情趣；同时，也体现了设计的文化性，即该地域文化特色。（设计：厦门大学艺术学院设计：厦门大学艺术学院 06 级 环艺专业 郑颖）

【例 3.8】 国外交通系统设计赏析。

本例内容以笔者在美国学习期间所作的与交通系统的相关研究为内容，结合前期学生所做的调研及练习，以发达国家或地区涉及的与公共交通相关的设施及无障碍设计为介绍重点。

目的：结合学生前期已经做过的关于基础研究的内容，能进一步地发现、补充设计调研中存在的不足，通过这种基础调查、快题练习及此部分内容等的较为全方位的讲解，能使学生开阔眼界、增加见识并提高对设计本质的认识。

一、美国的交通系统设计

在交通系统路牌的设计中，对于车辆的管理，根据不同的环境空间有着周密细致的规划和设计。

1. 道路系统中的路牌规划设计

1）规划周密的停车时间设计。不同的路段对能否停车及时间长短根据实际路段情况的需要做有细致的规定，允许停车的时间长至从周一到周日每天的上午或下午、从整日到半日到每小时，有些地方甚至精确到只能停车在5分钟内(图3.104)。

图3.104 规定从整日到两小时至五分钟不等的停车时间的交通设施设计

2) 对于和学生相关的路牌及专用运送车辆,由统一的黄色明确标明,使人一目了然(图3.105)。

二、规划明确的停车地点

1. 根据不同的路段和不同车辆的用途功能,从一条街的左右两侧直到何处的拐角及对一些“CITY”字样的公务车辆允许停放的位置均有详细的设计(图3.106)。

2. 对包括外来参观者、牧师、携带宠物者等这类人群设立单独预留的车位这使来宾倍感亲切,显示了对客人的尊重(图3.107和图3.108)。

图3.105 学校车辆相关的专有交通设施设计及代表学校的黄色的校车

小知识:无障碍设计(barrier free design)这个概念名称始见于1974年联合国组织提出的设计新主张。它强调在科学技术高度发展的现代社会,一切有关人类衣食住行的公共空间环境以及各类建筑设施、设备的规划设计,都必须充分考虑具有不同程度生理伤残缺陷者和正常活动能力衰退者(如残疾人、老年人)群众的使用需求,配备能够应答、满足这些需求的服务功能与装置,营造一个充满爱与关怀、切实保障人类安全、方便、舒适的现代生活环境。我国拥有各类残疾人员多达6000万,相当于英国或法国的总人口。可见,环境艺术设计做好与此相关的设计工作,其意义重大。

图 3. 106 详细的交通标识设计

图 3. 107 公共停车场预留的用于牧师和外来参观者专门使用的车位

图 3. 108 对待拥有宠物的人群，除标明明令禁止前往的地方外，在公共空间还设有“宠物须被牵引”的标识

根据中国全国人大常委会关于 1990 年 12 月 28 日通过的《中华人民共和国残疾人保障法》第二条的规定：残疾人是指在心理、生理、人体结构上，某种组织、功能丧失或者不正常，全部或者部分丧失以正常方式从事某种活动能力的人，包括视力残疾、听力残疾、言语残疾、肢体残疾、智力残疾、精神残疾、多重残疾和其他残疾的人。残疾标准由国务院规定。根据我国对于残疾人这一概念的确定，本节以作者在美国学习和生活期间曾走访的一些城市为例，并以从事环境艺术设计专业的视角和体验，通过看似小的设计案例且归以不同分类形式，从以下几个方面介绍分析发达国家在此方面所做的努力及在当代环境艺术设计中服务于人的作用。

(1) 公共环境中静态空间的无障碍设计

公共空间中的静态空间，主要是指与公共建筑包括银行、剧院、机场、商店、车站、学校等的配套设施而设计的楼梯走廊、出入口、营业台等部分内容。在美国的这些环境设计中，均有为方便乘坐轮椅的人而设置的无障碍设施设计。

1) 以著名的长途汽车“灰狗”(Gray Hound)售票大厅的柜台设计站为例，除按正常人的使用尺度设计外，还特别按乘坐轮椅人群的尺度设计了特别高度的购票窗口和助行李柜台(图 3.109)。

2) 公共停车场内用醒目的色彩或图案划出为残疾人专用的停车位，并标明对于违法占用者将课以最高 500 美元的罚款(图 3.110)。

图 3.109 长途汽车“灰狗”(GRAY HOUND)站售票大厅的柜台设计

图 3.110 公共停车场划分出的残疾人专用的停车空间

在公交交通中的候车亭及所有公共建筑有台阶的地方，有用于乘坐轮椅的人使用的斜坡道设计，以方便其出入（图 3.111）。

在道路系统的规划设计中，对于拥有非机动车的自行车道，明确划分出出入和起止的范围。斑马线路段的设计则把人行过道和自行车道再加以细分，提高了“无障碍”通行的使用效率和规范了人群的通行秩序。在不同标高的公路和阻挡人行道路牙石的地方，均做防滑斜坡，方便残障人士通行（图 3.112）。

图 3.111　旧金山市某候车亭边和公共建筑附近用于残疾人方便使用轮椅上下车的坡道

图 3.112　城市道路系统中细分的用于自行车、轮椅及盲人通道的设计

（2）公共环境中动态空间的无障碍设计

公共环境中的动态空间，在人们的各种交流中起着联系和承载的作用，也可称为流动空间，如公交车辆、地铁、电梯等。具体体现在以下几个方面。

1）在与之配套的公交站牌的经停信息表上设计明显的可通用于残障人士乘坐的标识（图 3.113）。

2）在公交车辆包括地铁车厢内部，设计有专供的残障人员或特殊人员乘坐的座位，并预留他们有可能放置如拐杖、行李等的空间位置（图 3.114）。

3）公交车辆上下台阶为可变换设计，即通过驾驶员的操作或由残障人员通过设在车门边的、符合残障人操作高度的、可自己操作的按钮，使上下车的台阶变换为斜坡，以方便残障人士的轮椅车上下（图 3.115）。

图 3. 113 公交车门公交站牌

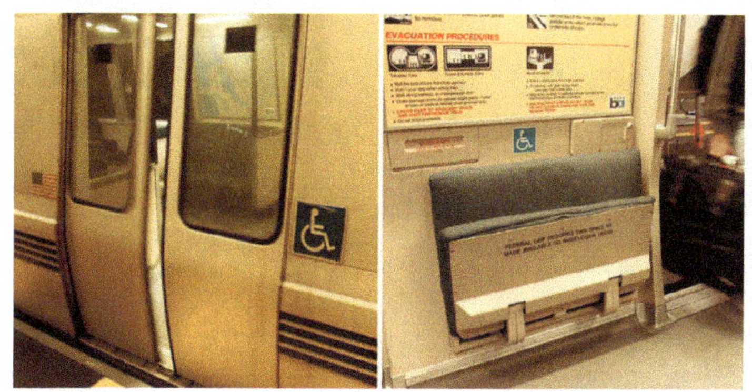

图 3. 114 旧金山地铁车辆的内部空间设计

图 3. 115 公交车台阶的交换设计

图 3. 116 盲文提示设计

4）室内外的电梯、取款机等，不仅设有供残疾人轮椅使用的通道，还设有用于盲人使用的盲文设计（图 3.116）。

(3) 公共环境中私密空间的无障碍设计

环境艺术设计应以人为本，需满足于人们起码的衣、食、住、行及各类不同人的需求。在室内或室外、固定与非固定的空间中放置的厕所，是为个人私密空间之所在。

1) 所有公厕均设计有方便残障人使用的辅助设施，并划分专用空间和设立明显的可供“残障人士使用”的标识牌(图 3.117)。

图 3.117　供“残障人士使用”的标识牌

2) 在其内部空间中，针对抱小孩而不便如厕的人士，设计以暂时放置小孩的、可折叠的座位装置，并附有清晰的安全使用说明(图 3.118)。

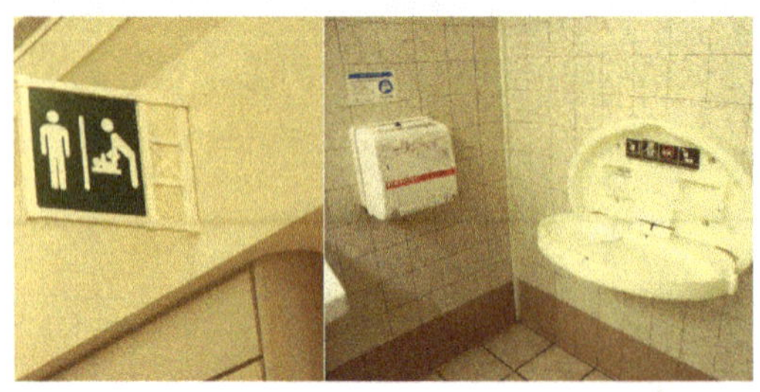

图 3.118　供抱小孩的人士使用的标识牌

3) 由于国情不同，在美国的室外环境中，一些城市几乎没有专门设置固定的公厕，一般为小型可移动的临时性公厕，在聚会或周末活动举办完后，由车辆统一运走。在这种临时性的简易公厕中，同样拥有必不可少的、为方便抱小孩的人士如厕的座椅装置设计(图 3.119)。

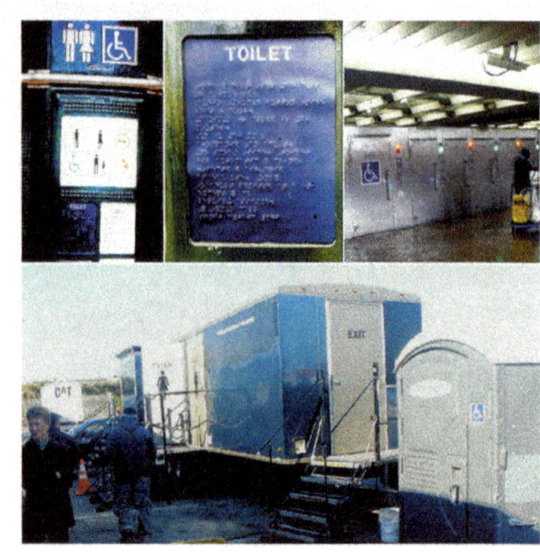

图 3.119　适用于不同性质人群的公厕设计

在有些公厕内，法律规定允许为行动不便的人士提供相关照顾的异性入内，这些异性可能是其妻子(丈夫)或女儿(儿子)等，以帮助其顺利如厕。这时，人在如厕时对异性的进入所产生的不自然的心理已成次要，而对人本身应急的天然需求则成为主要关心的重点，这种法规显示了不同情况、不同时间和地点对特殊人士自然需求的细分化，体现了无障碍设计对人的尊重的本质(图 3.120) 。

图 3.120　一些特殊情景下的特殊规定，并设有明显的标识

(4) 为方便盲人和听力残障人士而设置的无障碍设计

此类设计包括公共楼道 银行、自动取款机、学校、博物馆、图书馆等,几乎涵盖了公共环境中与大众关系密切的各种空间,即除有用正规的标识为正常人指明使用的属性外,还专门配套盲文设计和针对听力残障人士无偿提供服务的助听设施,方便其使用(图 3.121 和图 3.122)。

图 3.121 附有盲文的各种指示牌,包括柜员机、公共建筑走廊等

图 3.122 为听障人士提供助听设备的指示牌设计

(5) 为儿童或特殊人士而设置的无障碍设计

此类运用看似简单的文字或图形提示或仅仅以"改变一下尺寸"的、简单的设计方法,却体现出了对未成年人、对生命、对人本身的更深层次的关心和尊重。

1) 对于在某些经常有听觉残障的聋哑儿童经常出没的区域,设计的提示标识(图 3.123 和图 3.124)。

图 3.123 设置于公路边缘地带的关注儿童的交通标识,"DEAF CHILDREN AT PLAY"意为"听觉障碍儿童玩耍地段",以提醒过往司机减速行驶

图 3.124 设置于公路边缘地带的关注儿童的交通标识

图 3.125 小便池和饮水机仅仅降低了一下设计的高度，却体现出对人性的关注

2）以儿童身高的尺度而设计的小便池及自动饮水机(图 3.125)。

3）航空港设立供残障人或正常人因某种突发事件需使用的公用轮椅，在其侧面设计增加一根金属杆架，供输液用的吊瓶使用，以应对这类人的需要(图 3.126)。

4）在公交车辆包括地铁内部，设有专供特殊人员使用的空间，如携带自行车乘车的人用于放置单车的空间位置(图 3.127)。

5）机动车须关注野生动物的交通标识，沟通了人与动物的和谐关系(图 3.128)。

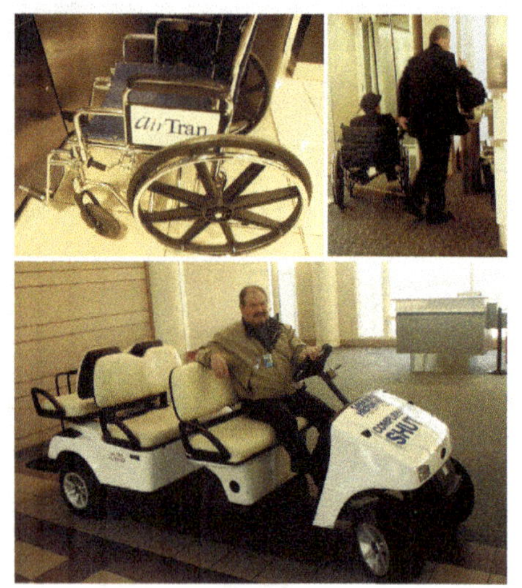

图 3.126 美国 Savannah 国际机场内由 Air Tran 航空公司提供的兼医用功能的公用轮椅和穿梭于该机场内的、可为任何需要的人士提供运送服务的电动车辆

图 3.127　方便用于携带自行车的乘客乘车时放置单车的专用空间

三、新加坡的交通系统设计

1）公交车内部设有安全提示、对不同身高儿童应付车资的提示、显示空余座位数量的电子屏幕广告、碎纸屑回收箱等设施的设计，显示设计师对细节的关注和把握(图 3.129)。

2）不同性质或车型的车辆尾部标明该车最高时速限制的标志及感谢为公交车辆礼让先行的礼貌用语广告。这无疑会促使各种交通事故率的下降，有助于经济效益和社会效益的提高，从而有助于社会整体效能的提高(图 3.130)。

图 3.128　道路边关注野生动物的交通标识(“XING”表示前方是十字路口)。

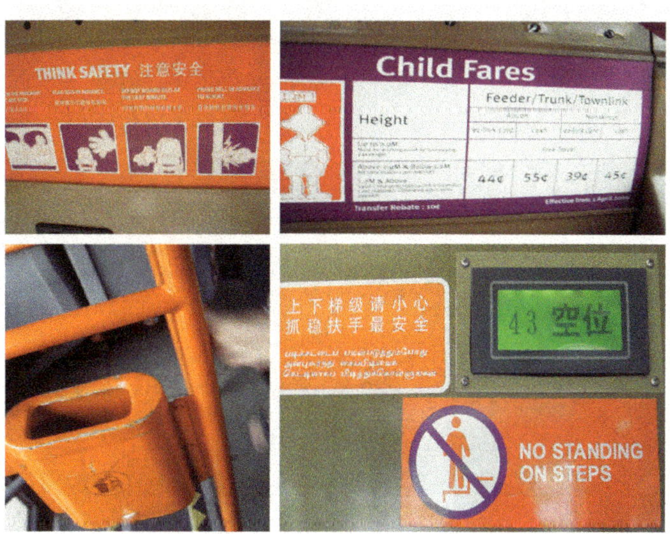

图 3.129　车辆内部各种人性化的设施设计

图 3.130 广告贴及感谢为公交车让行的广告及限速 60km 的标识

3）与车辆色彩设计一致的公交车站点信息牌设计（图 3.131）。

4）公交车内部供残障人使用的专用位置及提示司机停车的按钮设施（图 3.132）。

5）有些诸如较为繁华的路段，为避免塞车，对于出租车排队候客的数量有不同的限制（图 3.133）。

小结：通过国外交通系统设计及其细微之处的研究和赏析，能为我们当前的环境艺术设计提供一些启示：周密细致的交通系统设计是当代环境艺术的重要组成部分，其不仅具有识别和美化职能，更其重要的是，它还兼有城市管理职能，乃至提高效率职能等。正如商品的包装设计在商场中起到的是"无声的推销员"作用；同理，完善的交通系统设计在环境空间中起到的应是

图 3.131 公交站信息牌

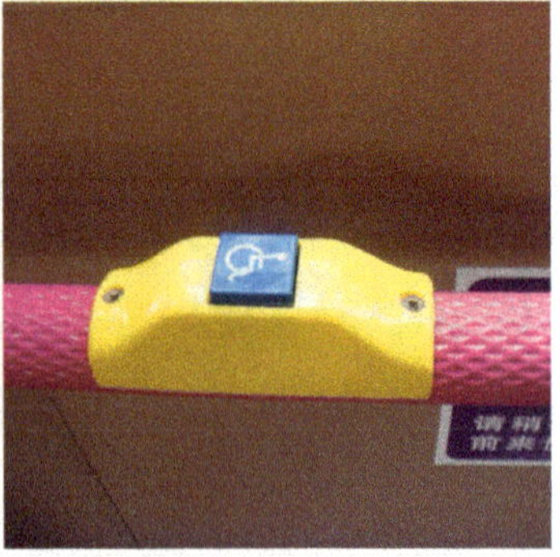

图 3.132 残障人士专用位置和提示按钮设施

图 3. 133　此路段规定：出租车候客排队的数量不能超过两辆

“无声的管理员”作用；透射出的是设计师、管理者对一个国家、一个民族或一座城市和所处的环境的价值观、审美观的理解，是个性化和人性化的相互统一。更重要的是这种“统一”渗透到了管理、规范和维护着人与人之间深层次关系系统理解后的整体设计之中，使生活在此环境空间中的人们能够得到高效的交流与和谐共处。这就要求设计师再耐心点、再细心点、再用心点，从每一个细节做好每一块街区、每一段路面的规划和设计。“大胆落笔，须细心收拾”，方能发挥环境规划和环境艺术和谐高效的美化于、人性化管理于社会的“以人为本”的作用。

上述看似“小”的设计，体现在上述国家或地区的公共和私密环境中几乎所有的空间场所，彰显了设计者在环境设计方面全面综合的素质和设计实力，也提高了社会效益和设计艺术所展现的魅力，尤其是在我国拥有 6000 万残障人口的国家，深入细致地做好环境艺术此方面的设计工作，其综合效益则不言而喻。当代环境艺术的目的最终是为人服务的，即我们通常所说的设计艺术应“以人为本”。环境艺术设计的美化职能和满足于一般空间功能的设计只是其表象，而隐藏于其中的满足于任何性质人士的、富有人性化的、无障碍的再设计、达到人与人之间平等、和谐、交流的沟通才是其真正的目的，这种双重意义的设计，才应是当代环境艺术设计全部而完整的本质意义、才是以人为本的真正体现，这也即是现代环境艺术设计应具有的对人本质关怀的、更深层次的功能表达。

通过对发达国家普遍存在于当今空间内的各种无障碍设施和对各类不同性质人的周密的、与环境和谐沟通的设计案例的赏析。笔者认为，这其实体现出的是设计者是否拥有一种公共意识或者说是一种公共价值观、一种公共管理观；培养学生这方面的公共意识和对不同人群的尊重理念，是学习设计专业的学生头脑中应具备的、重要的思想基础。这实质上就体现出了：优秀的环境艺术设计，应是兼具功能、艺术和无障碍的设计，能沟通各种不同性质、不同层面的人与人、人与环境之间的、无障碍交流的和谐关系；换言之，只有建立在这种基础上的设计意识和思想，才能促成优秀环境艺术设计作品的产生。

3.4.2 从简约空间到复杂空间的练习

1. 简约空间的创作思路

设计的本质是解决问题，而对设计问题提出的能力也需要一定的训练。因此，本节拟以我们生活的环境中普通存在的元素为设计切入点，并以一把椅子的研究为例，针对其相关问题进行分析，让学生学习设计的思考方法，从中去发现与设计相关问题所在。这样，既能使学生学会如何在进行创作之前做好与基础相关的准备工作，又能使学生通过一些简单元素的练习后，对设计的理解做出更深层次的思考，并从中探讨基础训练中所含有的、能激发丰富性、创造性思维的方法，培养学生的观察能力和对普通素材的积累能力，从而提高未来的创作能力。本节通过对一把普通椅子的测绘、制作及空间的延伸学习和练习为内容，即通过从一把椅子这一“简单”设计到延伸出的室内空间这一“复杂”设计的体味过程，来学习和理解基础训练与设计创作的关系。

【例 3.9】 测绘一把椅子，并临摹不同风格的椅子(指导教师：李蔚青)。

要求：

1. 在进行绘制之前，介绍并重申相关制图的规范及知识。

2. 测绘过的椅子须借助尺子等工具手绘制图，细致、严谨、规范(图 3.134)。

3. 做到临摹 20～30 幅相关作品，且线条优美、工整(图 3.135)。

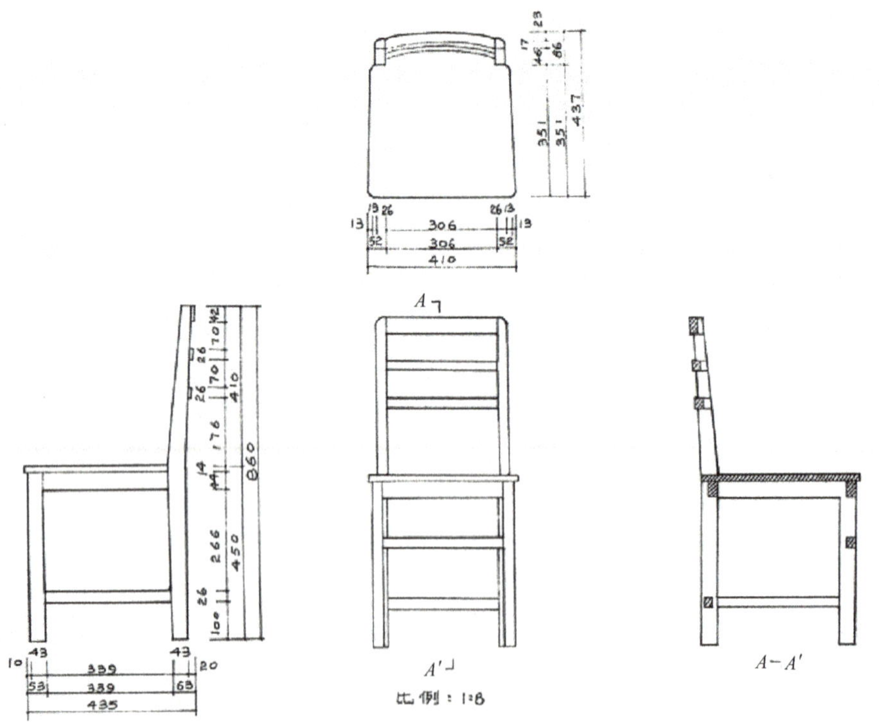

图 3.134 测绘并手绘出的一把普通椅子的三视图(绘图：厦门大学艺术学院 06 级 环艺专业 陈静)

图 3.135 临摹学习中外不同风格的椅子作品(绘图:厦门大学艺术学院 06 级 环艺专业 朱墨、葛云龙、陈敏敏、王思佳、赵英杰、马文超、陈玺舟、彭玲)

目的:

1. 通过对一把简单而普通椅子的测绘,考查学生对制图规范的掌握程度及基本手绘制图的表达能力和计算机软件的掌握能力。

2. 椅子测绘的过程也是对椅子基本尺度了解和掌握的过程,椅子及其家具是构成空间的重要内容,对于它基本尺度的了解是进行空间设计的基础。

3. 通过临摹学习优秀作品,一方面开拓学生视野;另一方面,使其能在临摹的过程中体会不同风格的椅子设计。

【例 3.10】 根据测绘临摹所掌握的基本尺度及风格设计一把椅子(指导教师:李蔚青)。

要求:

设计思维的角度、风格须多样,表现手法不限。

目的:

1. 让学生懂得任何一简单形体中均含有无限设计元素的可能。

2. 在设计的过程中,加深对美的造型艺术的理解,并由此激发学生对美的创造热情。

作业: 任取一普通而简单的造型物,对其进行空间造型艺术的延展设计。在我们身边的周围环境中,一些看似普通、常见而简单的物体或元素,其实均含有任何设计的可能。如抽象的符号、文字及各种物件等,这些被人们习以为常的元素,能为设计者的创作提供无尽的源泉。本节的教学目的就是通过教师的引导,使学生了解并从中明白其中所蕴含的道理(图 3.136 和图 3.137)。

图 3.136 基于英文字母的造型联想而设计的椅子(设计:厦门大学艺术学院 06 级 环艺专业 廖定国)

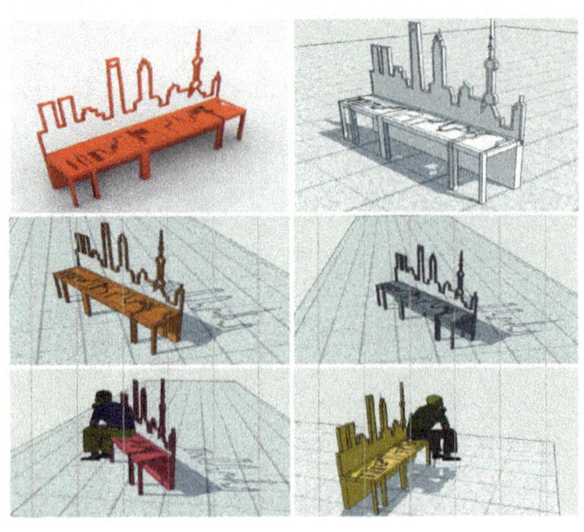

图 3.137　以城市的“天际线”所形成虚实关系的图形联想所设计的椅子(设计：厦门大学艺术学院 06 级 环艺专业 郑颖)

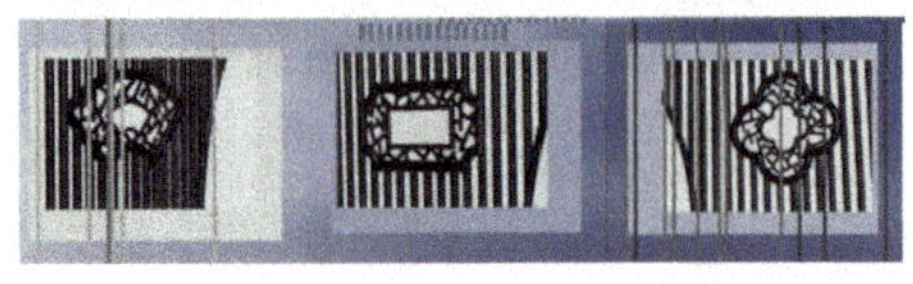

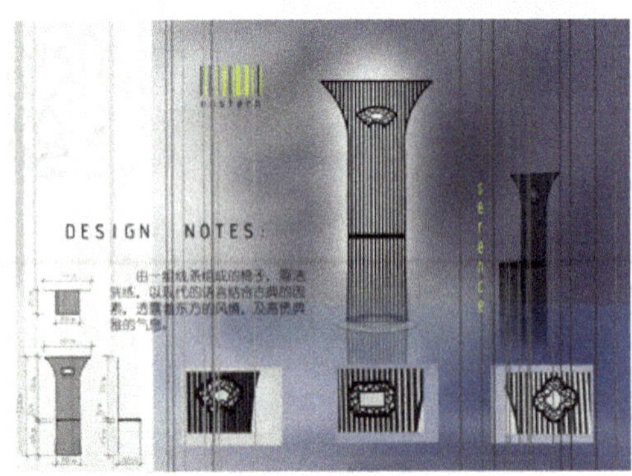

图 3.138　以常见的建筑构件,如传统建筑的窗花等为元素设计的椅子(设计：厦门大学艺术学院 03 级 环艺专业 苏美静)

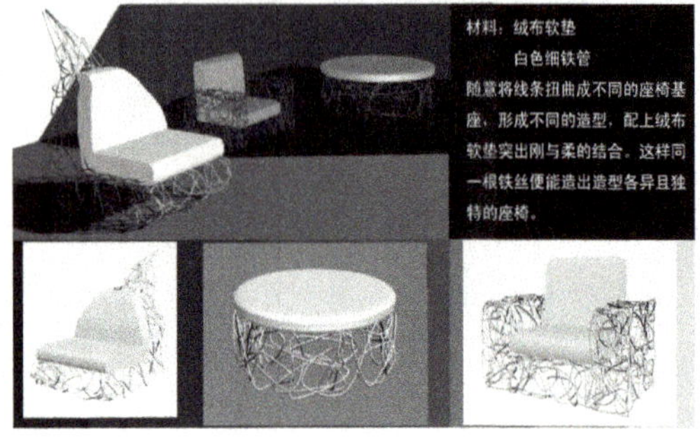

图 3.139　以自由任意的涂鸦、乱线为元素而设计的椅子(设计:厦门大学艺术学院 04 级 环艺专业 方宇)

【例 3.11】 从自然环境或任取自己熟悉、感兴趣的元素为联想,设计一把椅子(指导教师:李蔚青)。

要求:

1. 采用摄影、图片记录的手法收集感兴趣的图片资料,数量为 30～50 幅。

2. 对所收集的资料进行进一步的筛选,找出自己喜欢或感动自己的部分,试以此作为创作的灵感或依据,以理性的几何解析的方式,从中分离出基本形体,并使之成为设计椅子的元素。

目的:培养学生观察生活的能力和由此而产生的创造能力。

以自然界的动植物作为设计元素的资料收集

第一阶段:利用拍照记录的方式,采集自然界中平时习以为常的各种植物图片,并进行分类整理(图 3.140)。

第二阶段:通过手绘的表现形式,以动植物为启示设计的元素,并根据不同植物的样式特点,进行椅子设计的初步探索练习(图 3.141)。

第三阶段:对所采集的图片进一步观察学习和研究,并进行有针对性的基础设计练习(图 3.142)。

图 3.140 自然环境中的各种植物的收集整理

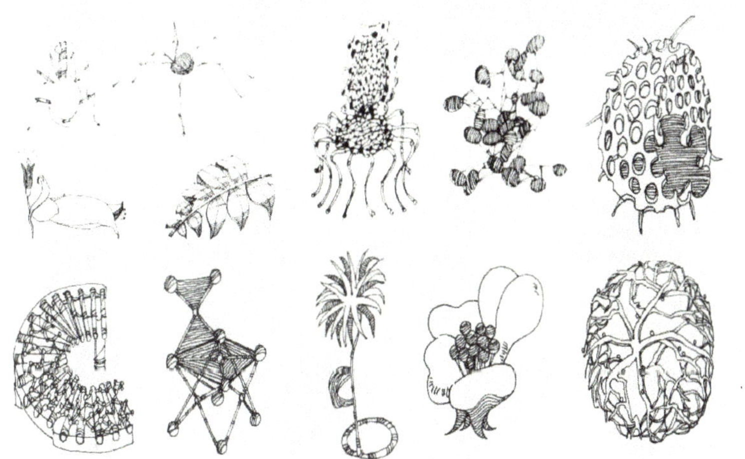

图 3.141 通过对图 3.140 自然环境中各种植物的学习启发而设计的椅子
(设计:厦门大学艺术学院 06 级 环艺专业 杨晓晓)

图 3.142

选择所拍摄的植物图片之一，根据该植物的特点，并以此为启发，设计一把椅子（图 3.143～图 3.153）。

图 3.143　以选择自然环境中的植物——章鱼铁兰为例

图 3.144　由图 3.143 章鱼铁兰的植物构成形式的启发所设计的椅子(设计：厦门大学艺术学院 06 级 环艺专业 颜慷)

图 3.145　以选择自然环境中的植物——荷叶为例

图 3.146　由图 3.145 的荷叶为构成形式的启发所设计的椅子(设计：厦门大学艺术学院 06 级 环艺专业 颜慷)

图 3.147　由图 3.145 的荷叶为构成形式的启发所设计的椅子(设计：厦门大学艺术学院 04 级 环艺专业 方宇)

图 3.148 以选择自然环境中的植物——树叶为例

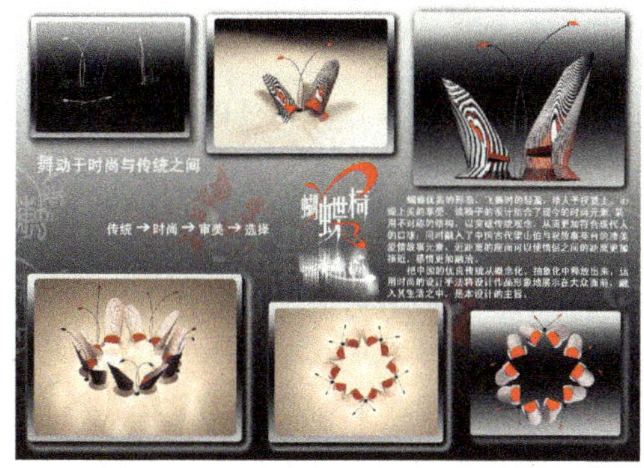

图 3.151 由图 3.150 蝴蝶构成形式的启发所设计的椅子(设计:厦门大学艺术学院 04 级 环艺专业 江兴广)

图 3.149 由图 3.148 树叶构成形式的启发所设计的椅子(设计:厦门大学艺术学院 06 级 环艺专业 张正刚)

图 3.152 以选择自然环境中的动物——蚱蜢为例

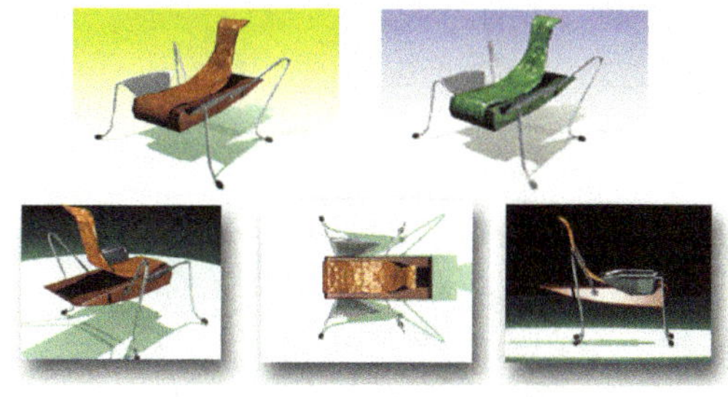

图 3.153 由图 3.152 动物蚱蜢构成形式的启发所设计的椅子(设计:厦门大学艺术学院 04 级 环艺专业 田添天)

图 3.150 以选择自然环境中的动物——蝴蝶为例

第四阶段:从日常生活或生活经验中搜集各种资料,提取元素,设计一把椅子(图 3.154～图 3.162)。

图 3.154 以选择日常食用的蔬菜——花菜为例

图 3.155　由图 3.154 花菜构成形式的启发所设计的椅子(设计：厦门大学艺术学院 06 级 环艺专业 谭维)

图 3.156　以选择日常食用的食品——面线为例

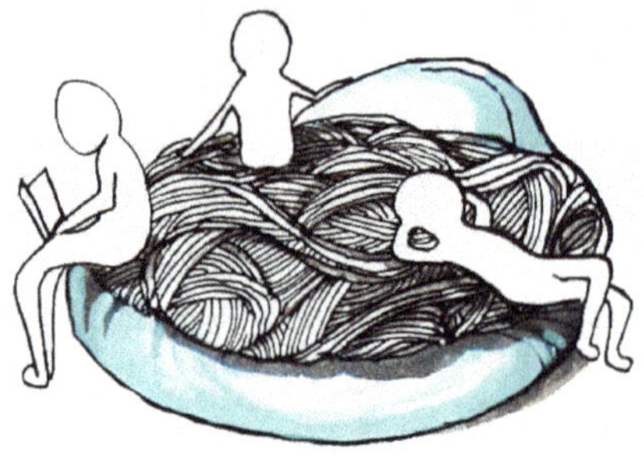

图 3.157　由图 3.156 食品面线的启发所设计的椅子(设计：厦门大学艺术学院 06 级 环艺专业 谭维)

图 3.158　以选择日常的零食——巧克力为例

图 3.159　以图 3.158 中所示的巧克力为元素设计的椅子(设计:厦门大学艺术学院 06 级 环艺专业 谭维)

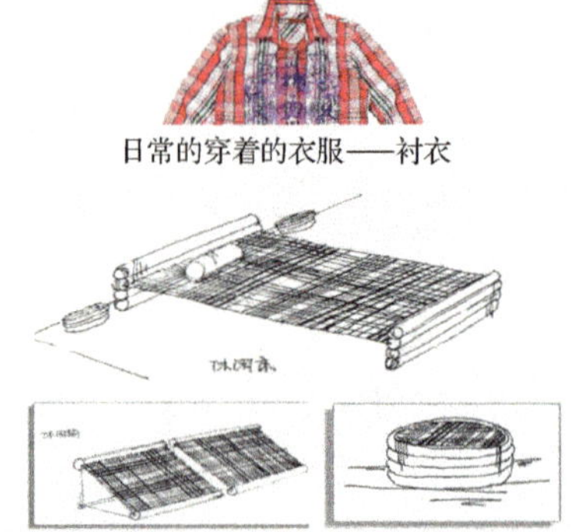

图 3.160　以选择衬衣为例所绘的草图

图 3.161　以图 3.160 日常的穿着,如衬衣为设计元素设计的椅子(设计：厦门大学艺术学院 04 级 环艺专业 方宇)

图 3.162　以选择日常生活中的用品——帽子、扇子为例

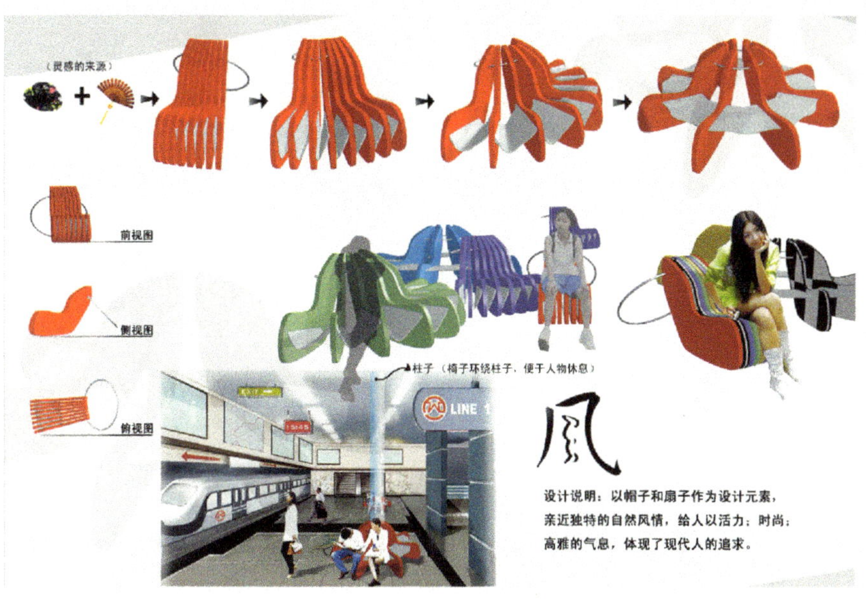

图 3.163　以图 3.162 日常的用品如帽子、扇子为设计元素设计的椅子
（设计：厦门大学艺术学院 03 级 环艺专业 林土）

复杂空间的创作思路：如果说设计一把椅子是“简约”空间的话，那么，在此基础上延伸而出桌子及各种风格的家具所构成的室内空间可以理解为“复杂”空间。本课题正是基于这样一种从“简单”到“复杂”的设计训练过程，来展开对基础课题的研究和学习的，它能使学生循序渐进地了解、掌握设计创作的思路并培养驾驭从“简单”空间到“复杂”空间设计的能力。

【例 3.12】　一把椅子的空间延伸设计（指导教师：李蔚青）。

目的：

1. 激发延续学生的创作思维，培养设计创作所需要的素质和能力

2. 培养学生与该课题相关联的、更深层次的观察事物、认知事物的能力。

要求：

1. 运用抽象或普通的元素进行椅子的设计，并通过这种简单空间的基础练习，使学生的设计视野及认知能力得以提升。

2. 在完成上述练习的基础上，通过一把椅子设计延伸出与之风格相适应的家具设计并组成室内空间设计。

作业一：以花卉图形的提炼为例，体验从简约空间到复杂空间设计过程的训练

（设计：厦门大学艺术学院 03 级 环艺专业 陈炳伟）

步骤一：抽取自然界中的花卉，将其提炼概括出富有室内家具韵味的图形（图 3.164）。

步骤二：将这些富有韵味的图形在一定的空间内延伸组合并绘出室内设计效果图（图 3.165）。

作业二：以几何图形为例，体验从简约空间到复杂空间设计过程的训练

（设计：厦门大学艺术学院 06 级 环艺专业 余根址）

步骤一：取任一简单的几何图形（图 3.166）。

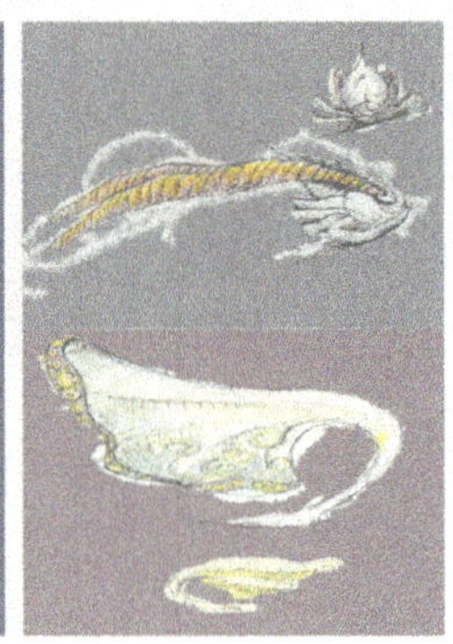

图 3.164

图 3.165 由花卉演变而成的充满浪漫主义情调的室内空间设计

图 3.166

步骤二：将几何图形进行二维空间形式的展开训练，分别以二方连续或四方连续的构成方式进行形式美的改变和探索，并从中观察原造型所产生的新变化(图 3.168)。

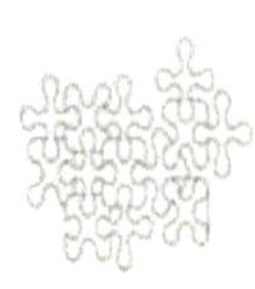

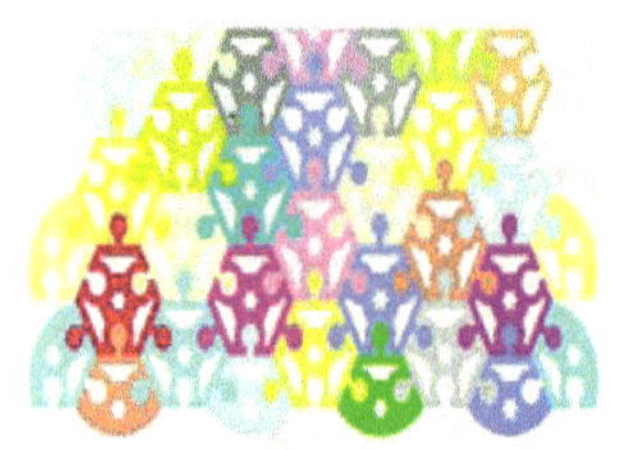

图 3.167 二维平面变化的简约空间设计练习

图 3.168

步骤三：任取图 3.167 中部分图形做三维空间的延展练习(图 3.168)。

步骤四：在三维空间中，再将其进行不同形式的排列组合，观察二维平面图形到三维图形变化过程中，该几何形体所产生的变化(图 3.169)。

步骤五：从图 3.169 中所延展出的造型变化中，寻找可建立与“椅子”设计的某种形体造型的关系，并试从中延展分离出椅子与桌子甚至床柜等系列家具设计的雏形(图 3.170～图 3.174)。

步骤六：在图 3.171 和图 3.172 的造型变化中，延展设计出的床及相关的系列组合家具的雏形(图 3.173 和图 3.174)。

图 3.169

图 3.170

图 3.172

图 3.171

图 3.173

图 3.174

步骤七：在给予的室内平面图中，将上述设计配合窗帘、地毯等设计出与之相适应的室内气氛设计，并分别用手绘和电脑表现出空间气氛的效果图，完成从简单到复杂空间设计过程的训练(图 3.175 和图 3.176)。

图 3.175　手绘效果图

图 3.176　电脑效果图

作业三：以几何图形“□”为例，体验简约空间到复杂空间设计过程的训练

（设计：厦门大学艺术学院 06 级 环艺专业 张健勇）

步骤一、二：取一最简单、最基本的正方几何图形如图 3.177，以不同的排列方向做空间的延展组合(图 3.178)，在给予的限定空间内作出相应的家具和陈设设计，排列形式和表现的艺术风格应与“□”形相吻合(图 3.179)。

图 3.177

图 3.178

图 3.179

步骤三：调整家具或陈设设计与限定空间的关系，并用电脑表现的手法渲染出室内空间气氛的效果图，完成从简单到复杂的空间设计过程的训练(图 3.180)。

小结：本节通过一把椅子的研究，进而延伸至由家具一起组成的、较为复杂的、三维空间的延展训练—找出与椅子可能相关的设计元素—生成与该风格相协调的家具及与其风格相适应的织物、床罩、窗帘等设

图3.180

计—做出手绘的室内效果图(训练手绘的能力)—做出电脑渲染的效果图(训练计算机绘图的表现能力)—完成简单空间到复杂空间的探索和研究过程。这种空间基础的训练方式,一方面可使学生建立一种整体的空间意识,也即设计元素单一存在的形式与空间中不同元素是相互关联的整体,亦即简约的空间设计;另一方面,让学生通过形体空间上的延展,体味到复杂空间的设计,也是由简单的元素变化而来的这一道理,进一步培养学生的发散思维能力。这种基础思维练习对于设计的创作无疑能起到重要的启发作用,还能加强学生平时注意观察生活、积累设计素养的能力及今后在实践过程中设计创作的能力。

第四章
环境艺术设计的程序与基本方法

第一节 环境艺术设计的程序

科学有效的工作方法可以使复杂的问题变得易于控制和管理，环境艺术设计工作亦不例外。在解决实际设计问题的工作中，按时间的先后顺序依次安排设计步骤的方法称为设计程序。设计程序是设计人员在长期的设计实践中发展而总结出来的，它是一种有目的的自觉行为，是对既有经验的规律性的总结，其内容会随设计活动的发展与成熟而不断更新。由于环境艺术设计涉及内容的多样性而导致其步骤烦琐、冗长而复杂，故以合理的、有秩序的工作程序为框架来开展工作是设计成功的前提条件，也是在有限时间内提高设计工作效率和质量的基本保障。

虽然设计步骤会因不同的设计者、设计单位、设计项目和时间要求而有所不同，但大体上可以分为以下六个阶段：①设计前期；②方案设计；③扩初设计；④施工图设计；⑤设计实施；⑥设计评估。这六个阶段基本包含了从业主提出设计任务书到设计实施并交付使用的全过程，如图 4.1 所示。具体分析如下。

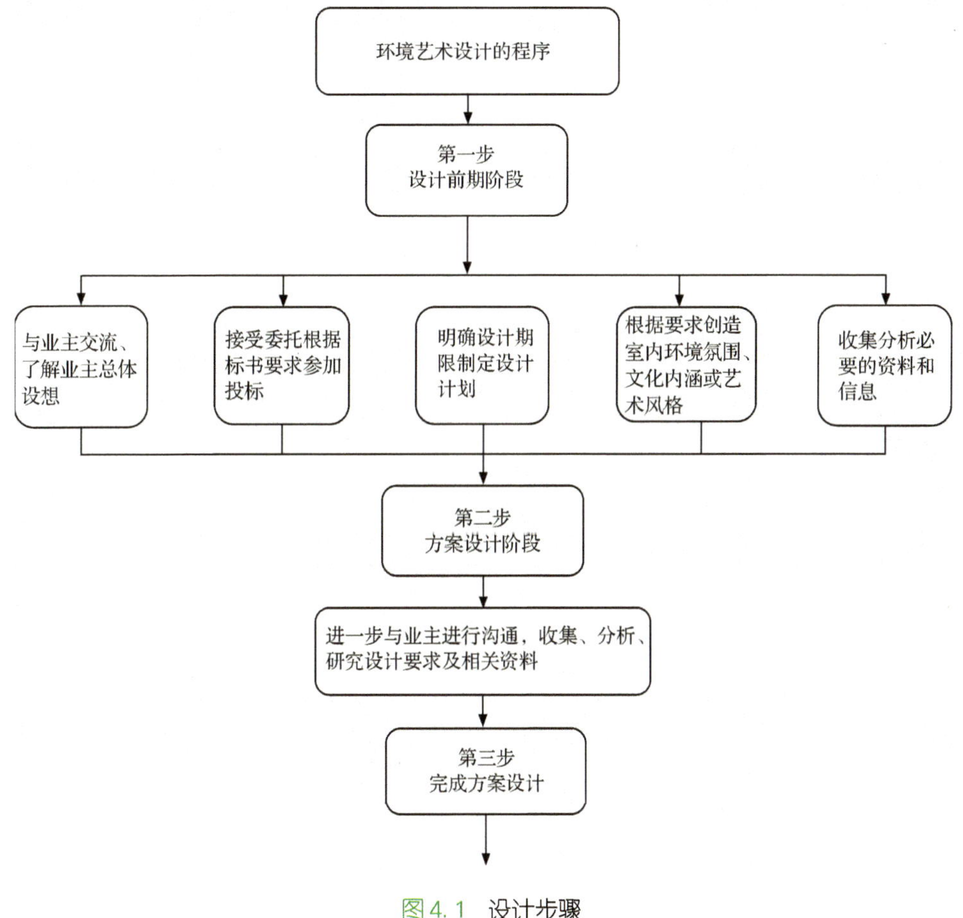

图 4.1 设计步骤

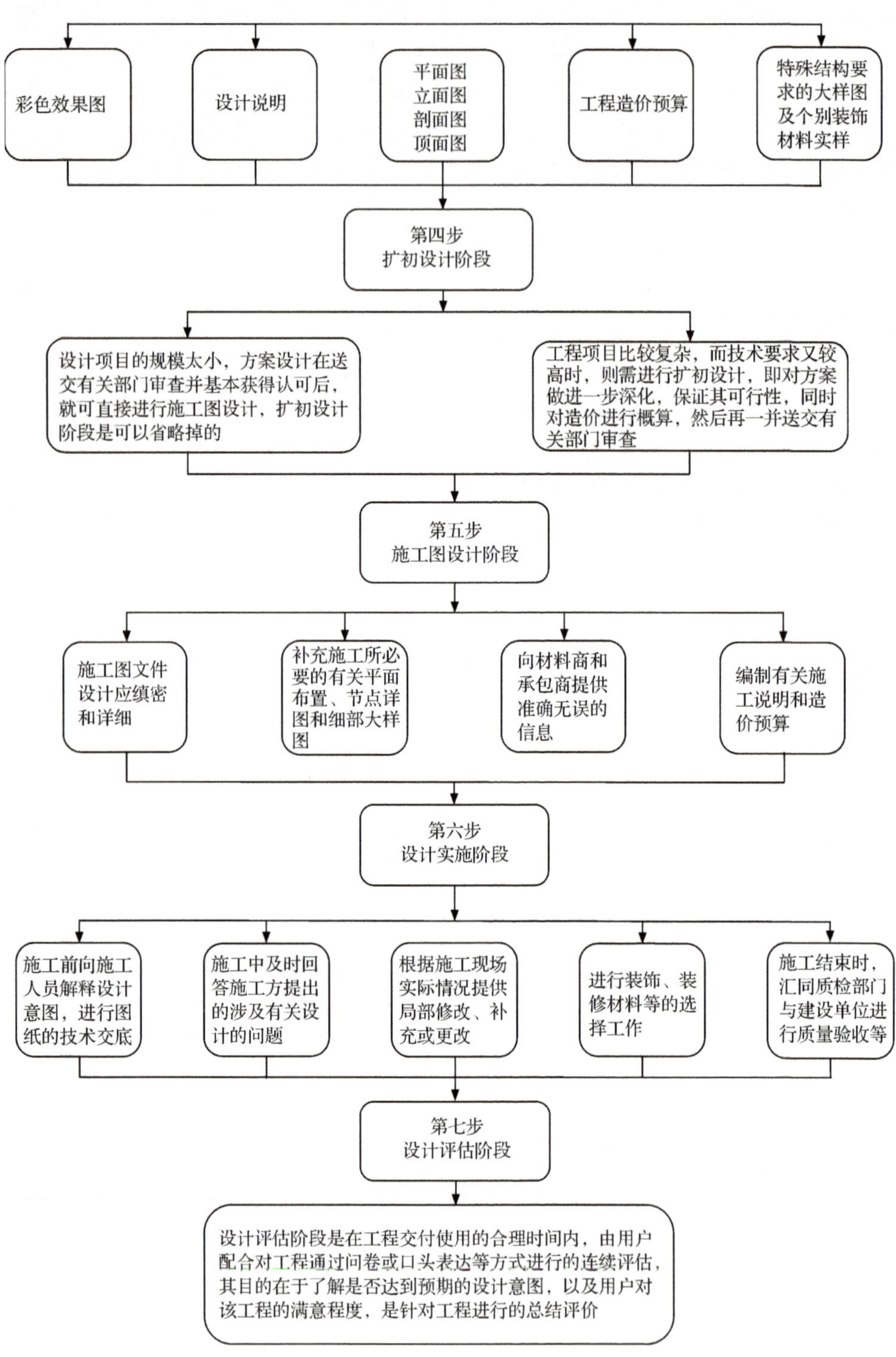
彩色效果图
设计说明
平面图
立面图
剖面图
顶面图
工程造价预算
特殊结构要求的大样图及个别装饰材料实样
第四步
扩初设计阶段
设计项目的规模太小，方案设计在送交有关部门审查并基本获得认可后，就可直接进行施工图设计，扩初设计阶段是可以省略掉的
工程项目比较复杂，而技术要求又较高时，则需进行扩初设计，即对方案做进一步深化，保证其可行性，同时对造价进行概算，然后再一并送交有关部门审查
第五步
施工图设计阶段
施工图文件设计应缜密和详细
补充施工所必要的有关平面布置、节点详图和细部大样图
向材料商和承包商提供准确无误的信息
编制有关施工说明和造价预算
第六步
设计实施阶段
施工前向施工人员解释设计意图，进行图纸的技术交底
施工中及时回答施工方提出的涉及有关设计的问题
根据施工现场实际情况提供局部修改、补充或更改
进行装饰、装修材料等的选择工作
施工结束时，汇同质检部门与建设单位进行质量验收等
第七步
设计评估阶段
设计评估阶段是在工程交付使用的合理时间内，由用户配合对工程通过问卷或口头表达等方式进行的连续评估，其目的在于了解是否达到预期的设计意图，以及用户对该工程的满意程度，是针对工程进行的总结评价

图4.1　设计步骤(续)

4.1.1 设计前期阶段

设计前期阶段也就是设计准备阶段。它主要包括:①与业主的广泛交流，了解业主的总体设想。②接受委托，根据设计任务书及有关国家政策、法规或文件签订设计合同，或者根据标书要求参加投标。③明确设计期限和制定设计计划进度，并考虑安排各有关工种的配合与协调；明确设计任务和要求，如室内设计任务的使用性质、功能特点、设计规模、等级标准、总造价等。④根据任务使用性质的要求而需创造的室内环境氛围、文化内涵或艺术风格等。⑤熟悉与工程设计有关的规范和定额标准，收集分析必要的资料和信息，包括对现场的调查察勘以及对同类型实例的参观与研究等。在签订合同或制定并最终交付投标文件时，还包括设计进度安排、设计费率执行的国家或地区标准，即设计单位收取业主设计费占工程总投入资金的百分比等文件资料。

4.1.2 方案设计阶段

在设计前期工作成果的基础上,需进一步收集、分析、研究设计要求及相关资料;进一步与业主进行沟通交流、反复构思和进行多方案比较，最后完成方案设计。设计师需提供的方案设计文件一般包括:彩色效果图、设计说明、平面图、顶面图、立面图、剖面图、工程造价预算、特殊结构要求的大样图及个别装饰材料实样等。

4.1.3 扩初设计阶段

对于环境艺术设计所牵涉的其他专业工种所需的技术配合在相对比较简单的情况下，或是因为设计项目的规模较小，在进行方案设计时就能够直接达到较深的设计深度;此时，方案设计在送交有关部门审查并基本获得认可后，就可直接进行施工图设计；这时，扩初设计阶段是可以省略的。但是，如果工程项目比较复杂，而技术要求又较高时，则需进行扩初设计，即对方案做进一步深化，保证其可行性；同时，对造价进行概算，然后再一并送交有关部门审查。

4.1.4 施工图设计阶段

施工图设计是设计师对整个设计项目的最后决策性实施和保证工程顺利实现的重要阶段，必须与其他各专业工种进行充分的协调，综合解决各种技术问题。施工图设计文件应较方案设计更为缜密和详细，需要时还需进一步补充施工所必要的有关平面布置、节点详图和细部大样图，以能够向材料商和承包商提供准确无误的信息,并且编制有关施工说明和造价预算等(图 4.2)。

4.1.5 设计实施阶段

在前述阶段的设计过程中，虽然前期方案阶段的大部分设计工作已经完成、项目开始施工。但是,设计师仍需高度重视工程项目在实施过程中所产生的实际问题。否则,就可能难以保证设计所能达到的理想效果。在此阶段，设计师的日常工作常包括:①在施工前向施工人员解释设计意图，进行图纸的技术交底。②在施工中及时回答施工方提出的涉及有关设计的问题。③根据施工现场实际情况提供局部修改、补充或更改(须由施工方根据实际施工情况提出更改意见并出具修改通知书，再由设计单位认可和进行正式的变更图纸交接)。④进行装饰、装修材料等的选样工作。⑤施工结束时,会同质检部门与建设单位进行质量验收等。

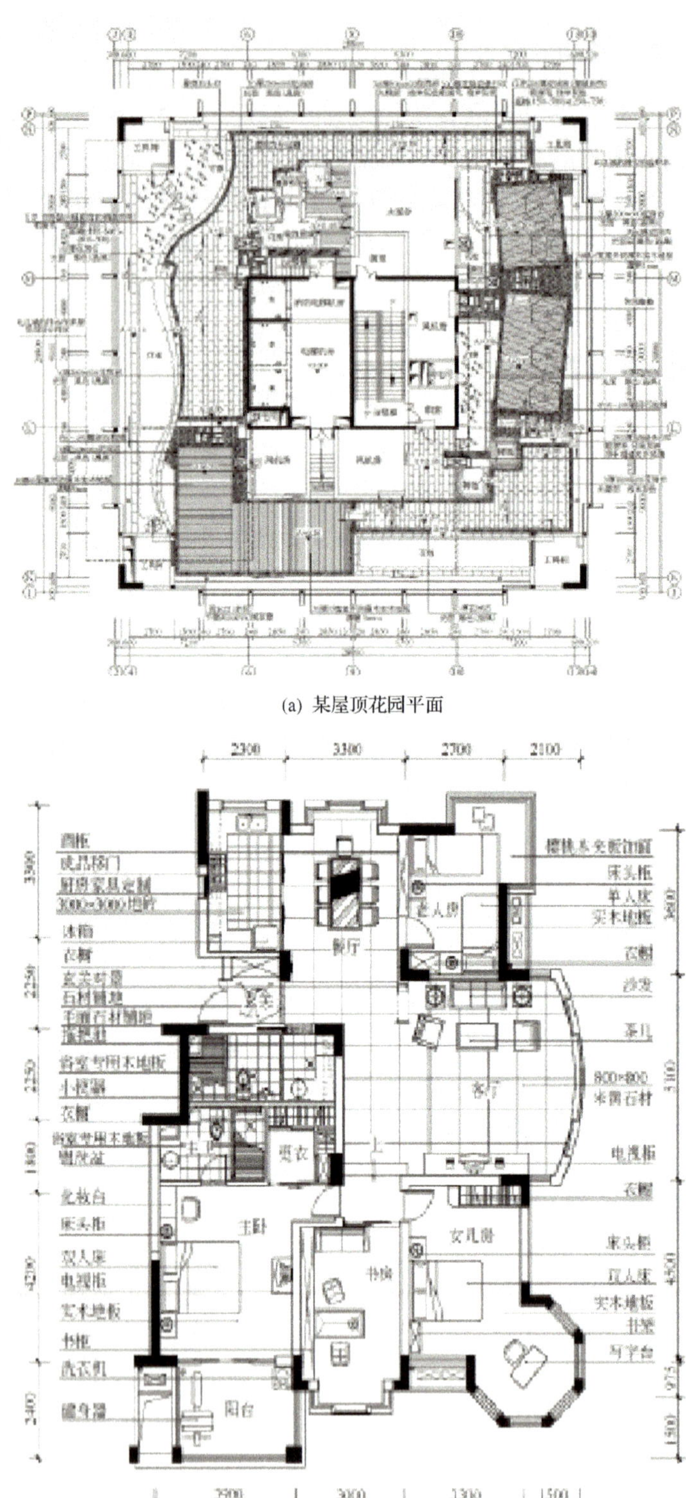

(a) 某屋顶花园平面

(b) 某住宅室内平面布置图

图 4.2　施工图阶段的平面图

4.1.6　设计评估阶段

设计评估阶段是在工程交付使用的合理时间内，由用户配合对工程通过问卷或口头表达等方式进行的连续评估，其目的在于了解是否达到预期的设计意图，以及用户对该工程的满意程度，是针对工程进行的总结评价。设计评估目前逐渐受到越来越多的重视。因为，很多设计方面的问题都是在工程投入使用后才能够得以发现的，这一过程不仅有利于用户和工程本身，同时也有利于设计师为将来的设计和施工增加、积累经验或改进工作方法。

第二节　环境艺术设计的任务分析

环境艺术设计须经过一系列艰苦的脑力分析和创作思考阶段。在此过程中，需要对每一因素都给予充分的考虑，而任务分析则是进行设计的初始步骤，也是十分重要的设计程序之一。这一步骤包括对项目设计的要求和环境条件的分析，对相关设计资料的搜集与调研等，这些都是有效完成设计工作的重要前提。

4.2.1　对设计要求的分析

对设计要求的分析主要从两个方面展开：一是针对项目使用者、开发者的信息进行分析，二是对设计任务书的分析。不同的项目任务书详尽程度差别很大，如果不了解并分析项目书中使用者及开发者的信息，或没有现场勘查调研，一切设计就只能在设计人员自“说”自“画”中实现。设计师对环境功能的分析越清晰，就越能对环境进行细致深入的设计。因此，做好设计要求分析是创造出宜人空间的第一步，应从以下几个方面着重考虑。

1. 从项目使用者、开发者的信息中分析设计的要求

(1) 使用者的功能需求

分析使用人群功能需求的重点是对该人群进行合理定位，了解设计项目中使用人群的行为特点、活动方式以及对空间的功能需求，并由此决定环境设计中应具备哪些空间功能，以及这些空间功能在设计方面的具体要求。在此，本节以两个不同类型的校园空间设计为例进行说明：

1) 中小学校园环境——主要服务人群为中小学生及教师。这些人群需要的功能空间包括道路、绿地以及供学生运动、游戏、种植、饲养、劳动所需的各类场地。如果是盲人学校，在满足以上功能的同时还须在各种空间中加入无障碍设施。

2) 大学校园——相对于中小学而言规模较大，一些综合类大学还能独立成为一个大学城。校园一般包括教学区、文体区、学生生活区、教职生活区、科研区、生产后勤区等部分，具有与中小学校园环境截然不同的功能。

由此可见，一个设计如果不能做到对其功能科学地分析并按需设置，甚至连基本功能都不能满足，或强行加入不需要的功能，即使它的设计再美观，也绝对称不上是一个成功的设计。从以上两种不同校园的环境分析中，我们可以看出，对使用人群功能需求的分析十分重要，这些分析都是在设计落笔前要思考清楚的问题。

(2) 使用者的经济、文化特征

经济与文化层面的分析是指一个空间未来所服务人群的消费水平、文化水平、社会地位、心理特征等。之所以对这一层面进行深入细致的分析，是因为环境艺术设计不仅要满足人们的物质需求，还应创造出满足人们精神享受的空间环境。例如，

一个高端的五星级商务酒店，在这里活动的客人大多是拥有一定工作经验、拥有相对较高的职位、较好的经济基础、较高的学历和文化修养的人。因此，在设计此类酒店环境时就需要精心打造高品质、高品位、高标准、高服务的星级酒店水准。无论是材料的运用、色彩的搭配、灯光的调和、界面的处理都要适应这类人群的心理需求；而一个时尚驿站式酒店，它的消费人群主要是都市中的年轻人士，他们时尚、前卫、风风火火、有朝气，为这类人群设计酒店环境应当充分考虑住宿的舒适、便捷，注重设计元素的时尚感和潮流性，突出个性和创新。与五星级酒店强调豪华、气派不同，时尚驿站式酒店不一定要使用昂贵的材料与陈设，因为使用人群很少会去关注墙面或脚下大理石的价值，他们更感兴趣的是酒店所渲染的时尚氛围和生活方式。

(3) 使用者的审美取向

除了对使用者的功能需求、经济、文化特征进行充分的分析研究外，对使用人群的总体审美取向有一个整体上的把握也十分重要。“审美”是一种主观的心理活动过程，是人们根据自身对某事物的要求所作出的看法，它受所处的时代背景、生活环境、教育程度、个人修养等诸多因素的影响。审美取向的分析主要以视觉感受为主体，包含空间的分割、界面的装饰造型、灯具的造型、光环境、室内家具的造型，色彩及材质、室内陈设的风格，色调等方面。分析使用人群的审美取向就是要满足目标客户人群的审美需要。例如，艺术家个性“张扬”、官员眼中的“得体”、商人追求的“阔气”、时尚人崇尚的“奢华”、西方人眼中的“海派弄堂”等，这些都是他们眼中的美。满足不同人群对美的理解不是设计师茫无目的的迎合，而是在了解、研究人群需求后做出的符合他们审美要求的设计决策。因此，在前期调研分析中慎重、准确、有效地判断使用人群的审美取向对于整个设计是否能够得到认可有着重要的意义和作用。

(4) 与开发商有效沟通

环境艺术设计师在设计工作中的沟通是很重要的。在沟通与交流的过程中，客户可能通过表情、神态、声音、肢体语言、文字、语速等诸多方面，传达出自己的思想、表现出自己对事物的好恶。这样设计师就有机会充分感受或觉察到对方的主观态度、关注的重点、做事的目的、处事的方式等，而这些对后续的设计工作来说均是宝贵而有效信息。

环境艺术设计在具备多学科交叉的特征之余，还带有十分强烈的商业性。诸如展示设计、店面设计、餐厅设计、酒店设计等这些细分的环境设计更经常性地被称作“商业美术”(图 4.3)。其商业性表现在两个方面：第一对于设计者而言，这种商业性就是获取项目的设计权，用知识和智慧获取利润；而对于开发商而言，则是通过环境设计达到他们的商业目的——打造一个适合于项目市场定位和满足目标客户需求的环境空间，使客户置身其间，能体验到物质、精神方面的双重满足感，心甘情愿为这样的环境“埋单”，并使商家从中获得商业上的赢利。因此，与开发商的良好沟通，有利于设计者充分了解项目的真实需求，准确定位开发商的意图，以及客户心中对项目未来环境的假想，才能创造出符合市场需求，并能为项目商业目的服务的环境艺术作品。

(5) 分析开发商的需求和品位

经过与客户有效沟通后，项目设计者后续的任务就是对在沟通中获得的相关资料进行认真地、理性地分析，包括以下几个方面。

图4.3 商业门面设计（摄影:张娟）

1）分析开发商的需求。

对开发商的需求分析主要包括两个方面:其一,通过沟通,分析出开发商对该项目的商业定位、市场方向、投资计划、经营周期、利润预期等商业运作方面的需求。例如,同样是餐饮业,豪华酒店、精致快餐、异国风味、时尚小店、大众饭店等均是餐饮业的表现形式,但一旦投资者确定了一种定位和经营方式,那么无论从管理模式、商品价位、进货渠道、环境设计等任何一个方面都须符合其定位。在此时,设计师需要更多地从商业角度去分析并体会投资者的这种需求,从而制定出的设计策略,考虑在设计中将如何运用与之相适应的餐饮环境的设计语言,最终创造出一个完全符合投资者合理定位下的室内外环境;其二,通过沟通,分析投资者对项目环境设计的整体思路和对室内、外环境设计的预想。此时,设计师将以"专家"的身份提出可行性的设计方案,需要兼顾项目的商业定位和室内外环境设计的合理性及艺术性原则,还需要考虑到投资对项目环境的期望,包括对项目设计风格、设计材料、设计造价的需求。

2）分析开发商的需求品位。

"品位"一词已成为当今潮流中被提及最多的词汇之一。无论是时尚界、地产界、餐饮界、服装界、汽车界、食品界,每个行业都在以"品位"为噱头,标榜"品位";其实,品位如果抛去时尚的外衣,其实质应当是一个人内在气质、道德修养的外在体现。

对开发商品位的分析并不是要片面地对投资者"本人"进行调查、分析,而是希望通过沟通,感受到投资者乃至整个团队的品位,从而判断出投资方在环境艺术设计项目上的欣赏水平。这种判断和分析对于设计师而言不是最终目的,目的是要在了解开发商品位的前提下,分析业主对该项目环境的个人主观意愿及期望。但同时,设计者有义务在投资者主观意识偏离项目整体定位的情况下，建议开发商适当地调整自己的思路，让设计团队以专业的设计技术来达到更高的环境艺术设计标准。

在此需要指出的是，作为一名专业环境艺术设计师，要具有专业精神和职业素质。在考虑投资者的要求，满足他们对项目环境设计期望的同时，应该以积极的态度去对待环境艺术设计，要科学而客观地分析设计可能达到的效果和实施的可行性。当遇到投资者的意愿阻碍到设计效果实现的时候，作为设计师有义务在充分尊重投资者的前提下，以适当的方式提出建设性的意见，并说服业主。

2. 对设计任务书的分析

在设计任务书中，功能方面的要求是设计的指导性文件，一般包括文字叙述和图纸两部分内容，根据设计项目的不同，设计任务书的详尽程度差别较大，但无论是室内还是室外的环境艺术设计，任务书提出的要求都会包括功能关系和形式特点两方面的内容。

(1) 功能需求

功能需求包括功能的组成、设施要求、空间尺度、环境要求等部分。在设计工作中，除遵循设计任务书要求的同时，还一定要结合使用者的功能需求综合进行分析；另外，这些要求也不是固定不变的，它会受社会各方面因素的影响而产生变动。例如，在室内设计中，当按以往的标准设计主卧时，开间至少达到 3.9m，方能在满足内部设施要求的同时兼顾舒适度；但伴随着科技的发展，壁挂式电视走入千家万户，电视柜已无用武之地，其以往所占的空间就得以释放，此时 3.6m 开间的设计能足以达到舒适度的标准，而节约下来的不仅仅是 0.3m 的空间。

(2) 类型与风格

不同类型或风格的环境设计有着不同的性格特点。例如，纪念性广场，需让人感受到它的庄严、高大、凝重，为瞻仰活动提供良好的环境氛围。而当人们在节假日到商业街休闲购物时，这里的街道环境气氛就应是活泼、开朗的，并能使人们在这里放松一下因工作而紧绷的神经，获得轻松、愉悦的感受。这时环境设计可以考虑自由、舒畅的布局，强烈、明快的色彩，醒目、夸张的造型，使置身其中的购物者深受感染。因此，对环境进行艺术设计时应始终围绕其性格特征进行设计。

4.2.2 对环境设计条件的分析

环境艺术项目设计之初，需要对室内外环境进行诸多的实地分析和调研。这种设计分析包括对项目所在地的自然环境、人文环境、经济与资源环境以及周边环境的分析。通过分析将有助于设计更加人性化。

1. 对室内设计条件的分析

大多数情况下，室内环境设计会受到各种条件的制约。例如，房屋的楼层、房间的朝向、景向、风向、采光、外界噪声源、污染源等都会影响室内环境设计的思路和处理手法。因此，应先分析出哪些外在条件对设计有利，哪些不利，以便在设计中分别有针对性地进行处理；此外，室内环境设计还受到建筑条件的影响，设计师必须对建筑原始图纸进行分析，其内容包括以下几个方面。

(1) 对建筑功能布局的分析

建筑设计尽管在功能设计上做了大量的研究工作，确定了功能布局方式，但仍难免会出现不妥之处。设计师要从生活细节出发，通过建筑图进一步分析建筑功能布局是否合理，以便在后续的设计中改进和完善。这也是对建筑设计的反作用，也是一种互动的设计过程。

(2) 对室内空间特征的分析

分析室内空间是围合还是流通，是封闭还是通透，是舒展还是压抑，是开阔还是狭小等室内空间的特征。

(3) 对建筑结构形式的分析

室内环境设计是基于建筑设计基础上的二次设计。在实际的设计工作中，有时由于业主对使用功能的特殊要求，需要变更土建形成的原始格局和对建筑的结构体系进行变动；此时，需要设计师对需调整部分进行分析，在不影响建筑结构安全的前提下做出适当调整。因此，可以说这是为了保证安全必须进行的分析工作。

(4) 对交通体系设置特点的分析

分析室内走廊及楼梯、电梯、自动扶梯等垂直交通联系空间在建筑平面中是怎样布局的，它们怎样将室内空间分隔，又怎样使流线联系起来的。

(5) 对后勤用房、设备、管线的分析

分析建筑物内一些能产生气味、噪声、烟尘的房间对使用空间所带来的影响程度，以及怎样把这些不利影响减少到最低限度。还要阅读其他相关的工程图纸，从中分析管线在室内的走向和标高，以便在设计时采取对策。

据此阶段的条件分析应该是全方位的，凡是从图中可以看出的问题都应该加以分析考虑。分析能力也是衡量设计师业务素质的重要评价标准之一。需要指出的是，有时由于实际施工情况和建筑图纸资料之间存在误差，或者是由于建筑图纸资料缺失，那么这就需要设计师到实地调研，对建筑条件进行深入的现状分析。

2. 对室外设计条件的分析

调查是手段，分析才是目的。基地条件分析是在客观调查和主观评价的基础上进行的，对基地及其环境的各种因素做出综合性的分析与评价，使基地的潜力得到充分发挥。基地条件分析在整个设计过程中占有很重要的地位，深入细致地进行基地分析有助于用地的规划和各项内容的进一步详细设计，并且在分析过程中还会产生一些很有价值的设想。

(1) 自然因素

每一个具体的环境艺术设计项目都有其特定的所在地，而每一个地方都有其特有的自然环境。自然环境的不同往往赋予环境设计独特的个性特点。在一个设计开始进行时，需要对项目所在场地及所处的更大区域范围进行自然因素的分析。例如，当地的气候特点，包括日照、气温、主导风向、降水情况等，基地的地形(坡级分析、排水类型分析)、坡度、原有植被、周边是否有山、水自然地貌特征等，这些自然因素都会对设计产生有利或不利的影响，也都有可能成为设计灵感的来源(图4.4)。

(2) 人文因素

每一座城市都有属于自己的历史、文化印记。辉煌的古代帝王都城、宜人的江南水乡、曾经的殖民租借口岸、年轻的外来移民城市……不同城市有它独特的演变和发展轨迹，孕育出了不同的地域文化，形成了不同的民风民俗。所以，在设计具体方案之前，有必要对项目所在地的历史、文化、民间艺术等人文因素进行全面调查和深入分析，并从其中提炼出对设计有用的元素。

以上海“新天地”为例，该商业街是以上海近代建筑的标志之一——石库门居住区为基础改造而成的集餐饮、购物、娱乐等功能于一身的国际化休闲、文化、娱乐中心。石库门建筑是中西合璧的产物，更是上海历史文化的浓缩反映。新天地的设计

图 4.4　融自然于景观中的环境设计(摄影:张娟)

理念正是从保护和延续城市文脉的角度出发,大胆改变石库门建筑的居住功能,赋予它新的商业经营价值,把百年的石库门旧城区,改造成一片充满生命力的新天地(图 4.5和图 4.6)。而这一理念正好迎合了现代都市人群对城市历史的追溯和对时尚生活的推崇。在环境艺术设计的具体实施上,新天地保留了建筑群外立面的砖墙、屋瓦,而每座建筑的内部,则按照 21 世纪现代都市人的生活方式、生活节奏、情感世界度身定做,无一不体现出现代休闲生活的气氛。漫步其中,仿佛时光倒流,有如置身于 20 世纪二三十年代的上海,但跨进每个建筑内部,则非常现代和时尚;每个人都能体会新天地独特的魅力:继承与开发同步,传统与现代同步,也都能从中品味到海派文化独特的韵味。

图 4.5　上海"新天地"改造前

图4.6 上海"新天地"改造后 （摄影：陈思捷）

(3) 经济、资源因素

对项目周边经济、资源因素的分析包括经济增长的情况、经济增长模式、商业发展方向、总体收入水平、商业消费能力、资源的种类、特点以及相关基础设施建设的情况等，这些因素对项目定位、规划布局、配套设施的建设都有一定的影响。

(4) 建成环境因素

对景观设计项目而言，建成环境因素是指项目周边的道路、交通情况、公共设施的类型和分布状况、基地内和周边建筑物的性质、体量、层数、造型风格等，还有基地周边的人文景观等。设计者可以通过现场踏勘、数据采集、文献调研等手段获得上述相关信息，然后进行归类总结。这是在着手方案设计之前必须进行的工作。

对室内环境设计项目而言，建成环境的分析主要是指对原建筑物现状条件的分析，包括建筑物的面积、结构类型、层高、空间划分的方式、门窗楼梯及出入口的位置、设备管道的分布等，对原环境的分析越深入，在以后的设计中才越能做到心中有数，少走弯路，提高方案的可实施性。

4.2.3 资料的搜集与调研

1. 现场资料收集

尽管借助现代地理信息系统技术，尽管人们坐在办公室里就能从不同层面认识和分析远在千里之外的场地特征，尽管凭借建筑图纸，就也可以建立起室内空间的框架和基本形态，但设计师对场地的体验和对其氛围的感悟是任何现代技术都无法取代的。这就要求设计者必须进行实地的观察，亲身体验场地的每一个细节，用眼去观察，用耳去聆听，用心去体会，在实地环境中寻找有价值的信息。在场地中能听到的、嗅到的，以及感受到的一切都是场地的一部分，都有可能对项目产生影响，也都有可能成为设计的切入点甚至是亮点。因此，只有通过实地的勘察，才能获得最为宝贵的第一手资料，真正认识场地的独特品质，把握场地与周围区域的关系，从而获得对场地的全面理解，为日后的设计打下基础。体验场地的过程可以用拍照、速写、文字的形式记录重要信息或现场的体会。在条件允许的情况下，还可以在项目过程中进行多次现场体验，作为不断修正方案的依据。

(1) 场地调查

室内调查内容包括：量房、统计场地内所有建筑构建的确切尺寸及现有功能布局。查看房间朝向、景象、风向、日照、外界噪声源、污染源等。

室外基地现状包括收集与基地有关的技术资料进行实地踏勘、测量两部分工作。有些技术资料可从有关部门查询得到，对查询不到但又是设计所必须的资料，应通过实地调查、勘测得到。基地条件调查的内容包括：①基地自然条件：地形、水体、土壤、植被。②气象资料：日照条件、温度、风、降雨、小气候。③人工设施：建筑及构筑物、道路和广场、各种管线。④视觉质量：基地现状景观、环境景观、视域。⑤基地范围及环境因子：物质环境、知觉环境、区域规划法规。

基地条件调查并不是要将所有内容一个不漏地调查清楚，应根据基地的规模、内外环境和使用目的分清主次，主要的应做深入详尽地调查，次要的可简要地了解。

(2) 实例调研

资料的查询和搜集是获取和积累知识的有效途径，而实例调研能够得到设计实际效果的体验。在实地参观同类型项目的室内外环境设计时，通过对一些已建成项目的分析，从中汲取“养料”，吸取教训，会对于设计师在做设计时产生有益的参考价值。

首先，实例的许多设计手法和解决设计问题的思路在你亲临实地调研时有可能引发创作灵感，在实际设计项目中可以借鉴发挥；其次，经过调研后，在把握空间尺度等许多设计要点上可以做到心中有数；另外，实例中的很多方面，比如材料使用、构造设计等远比教科书来得生动，更直观容易明白。

在实地调研之前应该做好前期准备工作，尽可能收集到这些项目的背景资料、图纸、相关文献等，初步了解这些项目的特点和成功所在，在此基础上进行实地考察才能真正有所收获，而非走马观花、流于形式。总之，在实例调研时，要善于观察、细心琢磨、勤于记录，这也是设计师应该具备的专业素养。

2. 图片、文字资料收集

环境艺术设计是综合运用多学科知识的创作过程，设计师欲想提高设计的质量和水平，就应注意不能只停留在就事论事地阶段，去解决设计中功能与形式问题，而应该学习并借鉴前人正反两个方面的实践经验，了解并掌握相关规范制度，运用外围知识来启迪创作思路，解决设计中的实际问题。这既是避免走弯路、走回头路的有效方法，也是认识熟悉各类型环境的最佳捷径。因此，对于还处于设计学习阶段的学生而言，由于本身的学识、眼界还比较有限，特别需要借助查询资料来拓宽自己的知识面。在学习及从事设计工作时，应结合设计对象的具体特点，将资料的搜集、调研放在第一阶段一次性完成，也可以穿插于设计之中，有针对性地分阶段进行。相关资料的收集包括以下几个部分。

(1) 设计法规和相关设计规范性资料

查阅与该设计项目有关的设计规范，要铭记在心，以防在设计中出现违规现象。

(2) 项目所在地的文化特征

收集文化特征图片、记录地区历史、人文的文字或图片，查阅地方志、人物志等。一是可以启发灵感，二是在设计中运用特定设计要素时(包括符号、材料等)与文脉有一定联系。当然，不是所有的设计内容都要表达高层次的文化性,但有时也是很有必要表达个性的,这就需要设计师注重平时的积累。

(3) 优秀设计的资料(图片、文字等)

在前期准备阶段搜集优秀设计项目的图片、文字等资料可以为设计工作提供创作灵感。在现代的网络时代中,通过网络和书籍搜寻到全国各地、世界各地的相关类型的设计资料,可以节省逐一现场参观的时间,也可以领略到各国、各地的设计特色,作为对即将操作项目的启发之用。

资料的搜集可以帮助拓宽眼界,启迪思路,借鉴手法。但是一定要避免先入为主,否则,使自己的设计走上拼凑,甚至抄袭他人成果的错误做法,最终丧失的是自己积极创作的精神。

第三节　环境艺术设计方案的构思与深入

4.3.1　环境艺术设计方案的思考方法

任何一个设计作品都不可能是完美的,即使是非常成功的作品也是经过不断推敲、完善才趋近完美的。在设计过程中进行思考,主要是要解决好如下几个方面问题:

1. 整体与局部的关系

就整体与局部的关系而言,一般应该做到大处着眼、细处着手。整体是由若干个局部所组成的,在设计思考中,首先应该对整体设计任务予以全面的构思与设想,树立明确的全局观。然后再开始深入调查、收集资料,掌握必要的资料和数据,从基本的人体尺度、人流动线、活动范围及特点、家具与设备的尺寸等方面反复推敲,使局部融合于整体,达到整体与局部的完美统一。忽略整体,将使整个设计变得琐碎;忽略局部,也会使设计因为缺少变化而变得乏味。

2. 内与外的关系

室内环境的“内”包括与这一室内环境连接的其他室内环境,直至建筑室外环境的“外”,它们之间存在着相互依存的密切关系。设计时需要从内到外、从外到内多次反复协调其关系,务使其更趋完善合理。室内环境需要与建筑整体的性质、标准、风格、室外环境相协调统一。内与外的关系常须在设计构思中需要反复协调,以至最后趋于完美和合理;否则,就极易造成相邻室内空间之间的不协调和不连贯,亦可能造成内外环境的对立。

3. 立意与表达的关系

可以说,一项设计如若没有立意就等于没有“灵魂”,设计的难度也往往在于要有一个好的构思,有了明确的立意才能有针对性地进行设计。好的立意更需要完美的表达,而这不是能轻易做到的,设计师能力的强弱也能在这方面得到体现。对于环境艺术设计来说,正确、完整又有表现力地表达出设计的构思和意图,使建设者和评审人员能够通过图纸、模型、说明等资料,全面地了解设计意图是非常重要的。在设计过程中,尤其是在方案投标的竞争中,图纸质量的完整、精确、优美是第一关。因为,设计的方案,形象毕竟是很重要的一个方面,而图纸表达则是设计者的语言,也是必须具备的最基本的能力,一个优秀设计的内涵和表达应该是统一的关系。

4.3.2　设计方案的构思

方案构思是方案设计过程中至关重要的一个环节,是借助于形象思维的力量,在设计前期准备和项目分析阶段做好充分工作以后，把分析研究的成果落实成为具体的设计方案。由此，完成设计方案从物质需求到思想理念再到物质形象的质的转变。以形象思维为其突出特征的方案构思依赖得是丰富多样的想像力与创造力，它所呈现的思维方式不是单一的、固定不变的，而是开放的、多样的和发散的，是不拘一格的，因而常常也是出乎意料的。一个优秀的环境艺术设计作品给人们带来的感染力乃至震撼力无不始于此。

想像力与创造力不是凭空而来的，除了平时的学习训练外，充分的启发与适度的“刺激”是必不可少的。比如，可以通过多看资料、多画草图、多做草模等方式来达到刺激思维，促进想像的目的。

形象思维的特点也决定了具体方案构思的切入点必然是多种多样的，并且更是要经过深思熟虑，从更多元化范围的构思渠道，探索与设计项目切题的思路，一般可以从以下几个方面得到启发。

1）融合自然环境的构思。

自然环境的差异对环境艺术设计的影响极大，富有个性特点的自然环境因素如地形、地貌、景观、朝向等均可成为方案构思的启发点和切入点。

在建筑设计方面最著名的例子就是美国建筑师赖特设计的“流水别墅”，它在认识、利用和结合自然环境方面堪称典范。该建筑选址于风景优美的熊跑溪上游，远离公路且有密林环绕，四季溪水潺潺，树木浓密，两岸层层叠叠的巨大岩石构成其独特的地形、地貌特点。赖特在对实地考察后进行了精心的构思，现场优美的自然环境令他灵感迸发，脑海中出现了一个与溪水的音乐感相配合的别墅的模糊印象。他对项目的委托人考夫曼先生说：“我希望您伴着瀑布生活，而不只是观赏它，应使瀑布变成您生活中一个不可分离的部分”。建成后的别墅从外观上看，巨大的混凝土挑台从后部的山壁向前方翼然伸出，杏黄色的横向阳台栏板上下左右前后错叠，宽窄厚薄长短参差，产生极为注目 的造型。就地取材的毛石墙模拟天然岩层纹理砌筑，宛若天成。四周的林木在建筑的构成之中穿插生长，瀑布山泉顺流而下，自然生态与人工制品浑为一体而交相辉映（图 4.7）。

图 4.7 流水别墅

2）根据功能要求的设计，构思出更圆满、更合理、更富有新意地满足功能需求的作品，一直是设计师所梦寐以求的，把握好功能的需求往往是进行方案构思的主要突破口之一。

在日本公立刈田综合医院康复疗养花园的设计中，由于预算资金非常有限，必须在构思上下足工夫，以满足复杂的功能要求。设计师就从这片广阔大地的排水系统开始设计，在庭园中央设计一个排水路以提高视觉效果；同时，为了满足医院的使用功能要求特别为轮椅使用者的训练设置了坡道、横向倾斜路、砂石路和交叉路等；为患有生活习惯病的患者准备了多姿多彩的远距离园路，使患者能在自然中不腻烦地进行康复的训练；在花园中还设计了被称为"听觉园"、"嗅觉园"和"视觉园"等的圆形露台，上置艺术小品，即使患有某种障碍的患者，在这里也能感觉到自己其他器官功能的正常，在心理上点燃了他们对于生活的希望……所有这些都是在把握具体功能要求的基础上做出的精心构思(图 4.8)。

(a) 花园全景

(b) 听觉园

(c) 嗅觉园

(d) 训练用的交叉口

图 4.8　日本公立刈田综合医院康复疗养花园

3）根据地域特征和文化的设计构思。

建筑总是处在某一特定环境之中，在建筑设计创作中，反映地域特征也是其主要的构思方法。作为和建筑设计密切相关的环境艺术设计，自然要将这种构思方法贯彻到底。

首先，反映地域特征与文化最直接的设计手法就是继承并发展地方传统风格，着重关注对传统文化中符号的吸取和提炼。

以西藏雅鲁藏布江大酒店的室内设计为例，她围绕着西藏地域建筑文化，着力渲染传统的“藏式”风格。墙上分层式的雕花、顶棚的形式、装饰用彩绘都是对西藏地域性文化特征的传承和体现(图 4.9)。

深圳安联大厦的景观设计，则更多的是基于传统文化理论基础上的现代构成形式的创新。建筑的空中花园根据楼层的高低不同，以富有生命活力植物的种植来表现取意于《易经》中不同吉祥卦位的线条构成形式，寓意深远又同时具备了一种现代的表达方式(图 4.10)。

图 4.9　西藏雅鲁藏布江大酒店大堂设计一角(摄影:李蔚青)

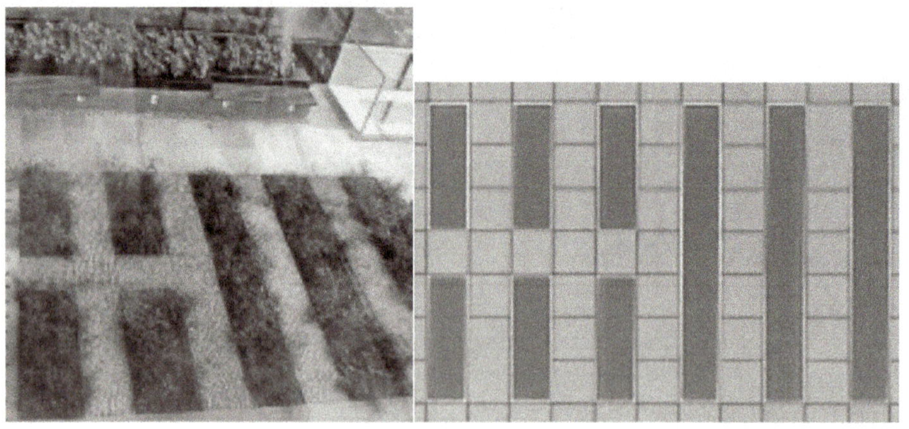

图 4.10　安联大厦二十层空中花园用植物的设计方法表现，取意于《易经》之“地天泰”

这种注重对地域特征与文化进行重新诠释的作品，表达出的是一种地域性的文脉感，通常采用比较显露直观的设计手法，是要靠人的感悟来体会其中所蕴含的意味。

在上海商城的设计中，美国建筑师波特曼从中国传统园林中汲取营养，完全运用现代的设计手法，将小桥、流水、假山等巧妙地组合在一起，展现出浓郁的中国韵味；同时，在一些细部的构思上还有许多独特之处：中庭里朱红色的柱子、斗拱柱头做法，还有拱门、栏杆、门套的应用等，都没有一味地直接沿袭中国传统建筑的符号，而是进行了抽象化的再处理。因此，不仅仍旧能唤起人们对中国传统建筑的联想，而且空间的形式上也充满现代感(图 4.11)。

图 4.11 上海商城

4) 体现独到用材与技术的设计构思。

材料与技术是设计师永远需关注的主题；同时，独特、新型的材料及技术手段能给设计师带来创作热情，激发无限创作灵感。

位于美国加利福尼亚纳帕山谷的多明莱斯葡萄酒厂的设计，是创造性地使用石材的经典之作。为了适应并利用当地的气候特点，设计师赫尔佐格和德梅隆想使用当地特有的玄武岩作为建筑的表面饰材，以达到白天阻热，吸收太阳热量，晚上将其释放出来，平衡昼夜温差的设计构思。但是周围能采集的天然石块又比较小，无法直接使用。为此，他们设计了一种金属丝编织的笼子，把小石块填装起来，形成形状规则的“砌块”。根据内部功能不同，金属丝笼的网眼有不同大小规格，大尺度的可以让光线和风进入室内，中等尺度的用于外墙底部以防止响尾蛇进入，小尺度的用在酒窖的周围，形成密实的遮蔽。这些装载的石头有绿色、黑色等不同颜色，也就和周边景致自然优美地融为一体，增强了建筑与自然环境的协调关系(图 4.12)。

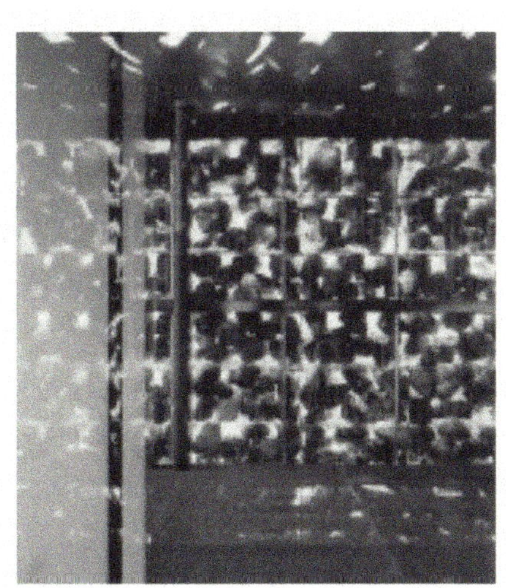

图 4.12 多明莱斯葡萄酒厂

另外，需要特别强调的是，在具体的方案设计中，应从多元的角度进行方案的构思，寻求突破口(如同时考虑功能、环境、技术等多个方面)；或者是在不同的设计构思阶段选择不同的侧重点(如在总体布局时从环境方面入手，在平面布局设计时从功能方面入手等)都是最常用、最普遍的构思手段，这样既能保证构思的深入和独到，又可避免构思流于片面或走向极端。

4.3.3 多方案比较方案阶段的重要环节

1. 多方案比较的必要性

多方案构思是设计的本质反映。我们认识事物和解决问题常常习惯于方法结果的唯一性与明确性。然而，对于环境艺术设计而言，认识和解决问题的方式结果是多样的、相对的和不确定的。这是由于影响环境设计的客观因素众多，在认识和对待这些因素时，设计者任何细微的侧重就会导致不同的方案对策，只要设计者没有偏离正确的设计观，所产生的任何不同方案就没有简单意义上的对错之分，而只有优劣之别。

多方案也是环境艺术设计目的性的要求。无论是对于设计者还是建设者，方案构思是一个过程而不是目的，其最终目的是取得一个尽善尽美的实施方案。然而，我们又怎样去获得这样一个理想而完美的实施方案呢？我们知道，要求一个“绝对意义”的最佳方案是不可能的。因为，现实中的时间、经济以及技术的条件，使我们不具备穷尽所有方案优点的可能性，只能获得“相对意义”上的完美，即在可及的数量范围内的“最佳”方案。

另外，多方案构思是民主参与意识所要求的。让使用者和管理者真正参与到设计中来，是“以人为本”这一追求的具体体现，多方案构思所伴随而来的分析、比较、选择的过程使其追求真正成为可能。这种参与不仅表现为评价选择设计者提出的设计成果，而且应该落实到对设计的发展方向乃至具体的处理方式提出质疑、发表见解，使方案设计这一行为活动真正担负其应有的社会责任。

因此，我们要养成多做方案进行比较的良好工作方式和习惯。美国著名园林设计师Garrett Eckbo早在学生时期就十分注重多方案比较。为了研究城市小庭园的设计，他在进深7.5m的基地上做了多个不同方案，以探索解决设计问题的多面性(图4.13)。

2. 多方案比较和优化选择

多方案比较是提高设计方案能力的一种有效方法，各个方案都必须要有创造性，应各有特点和新意而又不能雷同。否则，就是设计再多的方案也只能是无用功的重复。

在完成多方案的设计后，应展开对方案的分析比较，从中选择出理想的发展方案。分析比较的重点应集中在三个方面。

1) 比较设计要求的满足程度。是否满足基本的设计要求是鉴别一个方案是否合格的起码标准。一个方案无论构思如何独到，如果不能满足基本的设计要求，也绝不可能成为一个优秀的设计。

2) 比较个性特色是否突出。一个好的设计方案应该有其个性和特色并且还是优美动人的，缺乏个性的设计方案肯定显得平淡乏味，是难以打动人的。因此，也是不可取的。

3) 比较修改调整的可能性。虽然任何方案或多或少都会有一些缺点，但有的方案的缺陷尽管不是致命的，却也是颇难修改的，如果进行彻底的修改不是会带来新

(a) 以自然线形的台地、绿篱和水池组成的庭院空间

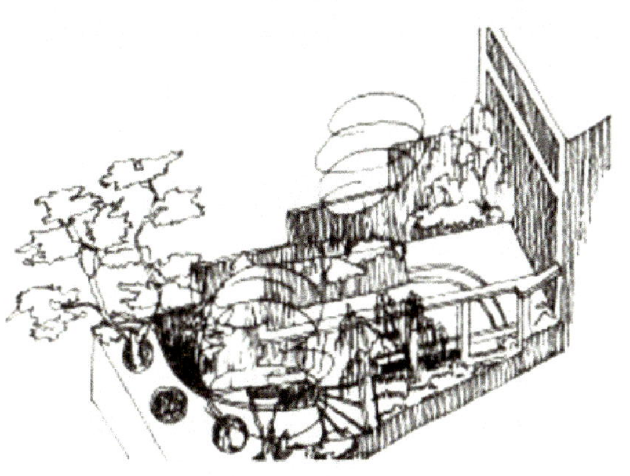

(b) 用与基地倾斜的规整平面为主要活动空间，剩余部分用于种植

(c) 以水面、汀步为主的庭院空间

(d) 以45°斜线构成平面骨架，形成简洁规整的庭院空间

图4.13　Garrett Eckbo为研究城市小庭园而做的多个方案的比较图

的更大的问题，就是会完全失去原有方案的特色和优势。因此，对此类方案应给予足够的重视，以防留下隐患。

在全面权衡设计的这些方面后最终定出相对合理的发展方案，定出的方案可以以某个方案为主，兼收其他方案之长，也可以将几个方案在不同方面设计的优点综合起来。

4.3.4　设计方案的深入

进行多方案比较之后选择出的发展方案虽然是相对合理可行的设计方案，但此时的设计毕竟还处在大想法、粗线条的概念层次上，在某些方面还会存在着这样或那样的问题。此时，为了达到方案设计的最终要求，还需要一个进一步的调整和深化的过程。

1. 设计方案的调整

方案调整阶段的主要任务是解决多方案分析、比较过程所发现的矛盾和问题，并设法弥补设计中存在的缺陷。通常而遴选确定出的、需进一步发展的方案无论是在满足设计要求还是在具备个性特色上均已有相当的基础，对它的调整应控制在适度的范围内，应限于对个别问题进行局部的修改与补充，力求不影响或改变原有方案整体布局和基本构思的基础上，来进一步提升方案已有的优势水平。

2. 设计方案的深化

要达到方案设计的最终要求，需要一个从粗略到细致刻画、从模糊到明确落实、从概念到具体量化的进一步深化的过程。深化过程主要通过放大图纸比例，由面及点，从大到小，分层次、分步骤进行；而且，为了更好地与业主沟通，恰当地运用语言的表达也是非常重要的。

在方案的深化过程中，应注意以下几点：

第一，各部分的设计尤其是造型设计，应严格遵循一般形式美的原则，注意对尺度、比例、韵律、虚实、光影、质感以及色彩等原则规律的把握与运用，以确保取得一个理想的效果。

第二，方案的深化过程必然伴随着一系列新的调整，除了各个部分自身需要适应调整外，各部分之间必然也会产生相互作用、相互影响，对此应有充分的认识。

第三，方案的深化过程不可能是一次性完成的，需经历深化——调整——再深化——再调整等多次循环的过程，这其中所体现的工作强度与工作难度是可想而知的。因此，要想完成一个高水平的方案设计，除了要求具备有较高的专业知识、较强的设计能力、正确的设计方法以及极大的专业兴趣外，细心、耐心和恒心是其必不可少的素质品德。

第四节　设计方案的模型制作基础

模型能以三度空间的表现力表现一项设计，使观赏者能从各不同角度观看并理解所设计形体、空间及其与周围环境的关系，因而它能在一定程度上弥补图纸的局限性。环境设计项目伴随着复杂的功能要求及巧妙的艺术构思常常会得出难以想像的形体和空间，仅仅用图纸来描述这些艺术构思是难以充分表达它们的。设计师常常在设计过程中借助于模型来酝酿、推敲和完善自己的设计创作。当然，作为一种表现技巧的模型，它也有自己的局限，它并不能完全取代设计图纸。

4.4.1　模型的种类

按照用途分类：一是展示用的，多在设计完成后制作；二是设计用的，即用于推敲方案在设计过程中的制作和修改。前者制作较为精细，后者制作比较为粗糙。

按照材料分类。

1）油泥(橡皮泥)、石膏条块或泡沫塑料条块：多用于设计用模型，尤其在城镇规划和住宅街坊的模型制作中广泛采用(图4.14)。

图4.14　美国SCAD艺术学院学生用油泥材料制作的模型作业(摄影：李蔚青)

2）木板或三夹板、塑料板。

3）硬纸板或吹塑纸板：各种颜色的吹塑纸非常方便和适用于建筑模型的制作。它和泡沫塑料块一样，切割和粘结都比较容易。

4）有机玻璃、金属薄板等：多用于能看到室内布置或结构构造的高级展示用的建筑模型，加工制作工艺复杂，价格昂贵。

4.4.2 简易模型制作练习

结合空间造型设计进行简易模型制作练习，一方面能培养学生的想像力和创造力；另一方面，作为空间构图训练的基础练习，能使学生初步学习选择模型制作的材料、使用工具和简单模型的制作方法。

1. 形体的组合练习

进行各种比例的长、宽、高、矩形、方体的拼接和组合。材料和工具：泡沫塑料块、泡沫海绵（染成绿色就可在模型中表示“绿化”部分）、底板、电阻丝切割器和胶粘剂。

制作方法与步骤：① 根据作业要求确定形体尺寸；② 调节切割器上挡板使其达到要切割的尺寸要求；③ 打开电门，切割泡沫塑料块；④ 使用胶粘剂粘贴需要的各种组合方体或泡沫海绵（图 4.15 和图 4.16）。

图 4.15 新加坡国立大学设计学院的学生在切割泡沫材料制作模型作业（摄影：李蔚青）

2. 庭园空间模型练习

这一练习和前两项不同之处是：它不仅要考虑各种不同质感材料的设计，而且要考虑各个部分相互的比例关系以及与人的尺度关系；此外，功能的与观赏的要求都高了，也都使得模型制作增加了难度。

材料和工具：主要是用吹塑纸做大块地面、墙面和屋面材料。

制作方法：按所要求的比例做好底板（如 1∶100），并在底板上标明主要模型部件，如墙、水池、亭子等的位置；分部件使用各自材料逐一制作；将准备好的各种部件进行黏结、调整；注意次序是先地面后地上、先大部件（如建筑物）后小部件和树木衬景。

图 4.16 制作完成后的模型作业(摄影:李蔚青)

4.4.3 工作模型

工作模型即前述设计过程中需制作的模型，通过它能够及时地把方案设计的内容以立体和空间的表现方式形象地表现出来，具有更为直观的效果，从而有利于方案的改进和深入。

在设计过程中，设计方案和制作模型可以交替进行，它们能相辅相成地帮助设计师改进完善设计的方案；可以从方案的平、立、剖面的草图阶段就开始制作模型，也可以直接从模型入手，利用模型移动的便利和空间功能的改变再改进方案构思和比较，然后在图纸上做出平、立、剖面图的记录。通过如此的草图和模型的不断修改和往复，就能接近和达到方案的最后完善。

工作模型的材料应尽量选择易于加工和拆改的材料，如聚苯乙烯块、卡纸、木材等易加工的各种材料。其制作不必十分精细，且应易于改动，重点是空间关系和气氛表达的研究(图 4.17)。

4.4.4 正式模型

正式模型要求准确完整地表现方案设计的最后成果，还要求具有一定的艺术表现力和展示效果。模型表现可运用两种方式：一种是以各种实际材料或代用物来尽量真实地表达空间关系效果的模型(图 4.18)；另一种是以某一种材料为主，如卡纸、木片等，将实际材料的肌里和色彩进行简化或抽象，其优点是把主要精力集中在空间关系处理这一要点上，不必为单纯的材料模仿和繁琐的工艺制作耗费过多的时间。

总之，环境艺术设计是一项实践性很强的工作，方法和材料都不是一成不变的，都应是与时俱进的，只要在顺应时代的基础上，结合时代科技和材料就能够创作出符合现代审美的环境艺术作品。

图 4. 17 制作模型能良好地传达空间的关系，并通过光影色彩的变化来研究未来空间真实的气氛（广州美术学院学生作品 指导教师：李慧丰）

图 4. 18 美国 MoMA 博物馆展出的运用各种材料真实地表达现代各种风格建筑空间关系效果的模型（摄影：李蔚青）

主要参考文献

曹瑞林. 2005. 环境艺术设计[M]. 河南:河南大学出版社.

陈飞虎. 2004. 环境艺术设计概论[M]. 湖南:湖南美术出版社.

程大锦. 2005. 建筑:形式·空间和秩序[M]. 天津:天津大学出版社.

郝卫国. 2006. 环境艺术设计概论[M]. 北京:中国建筑工业出版社.

黄艳. 2005. 环境艺术设计概论[M]. 北京:清华大学出版社.

江滨. 2005. 环境艺术设计快题与表现[M]. 北京:中国建筑工业出版社.

来曾祥. 1996. 陆震伟. 室内设计原理[M]. 北京:中国建筑工业出版社.

李保峰,李刚. 2007. 建筑表现技法[M]. 武汉:湖北美术出版社.

李砚祖. 2005. 环境艺术设计[M]. 北京:中国人民大学出版社.

林辉. 2005. 环境空间设计艺术[M]. 武汉:武汉理工大学出版社.

钱健. 2001. 建筑外环境设计[M]. 上海:同济大学出版社.

屈德印. 2006. 环境艺术设计基础[M]. 北京:中国建筑工业出版社.

田学哲. 1999. 建筑初步(第二版)[M]. 北京:中国建筑工业出版社.

王东辉. 2007. 室内环境设计[M]. 北京:中国轻工业出版社.

王建国. 1999. 城市设计[M]. 南京:东南大学出版社.

王晓俊. 2009. 风景园林设计(第三版)[M]. 南京:江苏科技出版社.

王烨. 2008. 环境艺术设计概论[M]. 北京:中国电力出版社.

辛艺峰. 2007. 建筑室内环境设计[M]. 北京:机械工业出版社.

熊建新. 2005. 现代室内环境设计[M]. 武汉:武汉理工大学出版社.

张绮曼. 1991. 室内设计资料集[M]. 北京:中国建筑工业出版社.

章俊华. 2001. 居住区景观设计[M]. 北京:中国建筑工业出版社.

赵军. 2001. 环境艺术设计基础[M]. 天津:天津人民美术出版社.

郑曙旸. 2007. 环境艺术设计[M]. 北京:中国建筑工业出版社 .

中国城市规划学会. 2000. 商业区与步行街[M]. 北京:中国建筑工业出版社.

周立军. 2003. 建筑设计基础[M]. 哈尔滨:哈尔滨工业大学出版社.

朱钟炎. 2003. 室内环境设计原理[M]. 上海:同济大学出版社.